微型旋翼无人机自主飞行及应用

张 通 著

科学出版社

北京

内 容 简 介

本书对微型旋翼无人机自主飞行及应用进行介绍,全书共 6 章,包括绪论、微型旋翼无人机自主定位方法、微型旋翼无人机自主飞行中的地图构建及目标检测方法、微型旋翼无人机在线轨迹规划方法、基于前沿的微型旋翼无人机自主探索和微型旋翼无人机协同探索方法等内容。

本书可作为高等院校导航、制导与控制、飞行器信息及控制、智能无人系统科学与技术、飞行器设计相关专业高年级本科生、研究生的参考书,也可供相关领域的科研和工作人员阅读参考。

图书在版编目(CIP)数据

微型旋翼无人机自主飞行及应用 / 张通著. —北京:科学出版社,2024.3
ISBN 978-7-03-077392-0

Ⅰ.①微… Ⅱ.①张… Ⅲ.①旋翼－无人驾驶飞机－研究 Ⅳ.①V279

中国国家版本馆 CIP 数据核字(2024)第 004440 号

责任编辑:宋无汗 郑小羽 / 责任校对:任苗苗
责任印制:赵 博 / 封面设计:陈 敬

科 学 出 版 社 出版
北京东黄城根北街 16 号
邮政编码:100717
http://www.sciencep.com

中煤(北京)印务有限公司印刷
科学出版社发行 各地新华书店经销
*
2024 年 3 月第 一 版 开本:720×1000 1/16
2024 年 10 月第二次印刷 印张:12 1/4
字数:247 000
定价:128.00 元
(如有印装质量问题,我社负责调换)

前　　言

微型旋翼无人机代替人类执行灾后救援、线路巡检、目标追踪、地形勘探、战场侦察、行星探测等繁琐枯燥、重复性高，甚至危险的工作任务，需要具备自主飞行能力，即在卫星导航信号拒止环境下的自主定位能力、飞行过程中的实时局部地图构建能力、在线轨迹规划能够使自身自主躲避地形和动态障碍物的能力。同时，当场景未知或已经发生严重变化时，微型旋翼无人机需要在无任何先验信息条件下对未知的任务场景进行完整的地图建模以及探索，以获得足够多的场景信息支撑其执行后续任务，即具备自主探索能力。

基于惯性测量器件和视觉信息融合的自主定位方法面对光照变化大、纹理稀疏等情况时，会出现初始化时间长、定位精度下降的问题。传统地图构建方法，面对光照发生变化的玻璃等目标时会产生空洞，导致在线轨迹规划错误，需要对地图构建方法进行优化。基于搜索的在线轨迹规划方法，在生成轨迹时因安全性和可行性忽视了微型旋翼无人机的敏捷特性，导致生成的轨迹过于保守。自主探索技术以只考虑目标观测点区域的环境信息等贪婪的方式作为探索决策方法，忽略了探索过程中的环境信息增益，效率低下。多微型旋翼无人机分布式协同探索，还需要研究如何轻量化地表征三维环境和共享地图，如何提高分布式探索决策规划的效率等问题。

针对上述微型旋翼无人机自主飞行及应用面临的理论问题，作者进行了深入研究。本书是作者多年研究内容的总结，在参阅国内外众多文献资料的基础上撰写而成，注重基础理论与工程实践相结合，实用性与可操作性强。

本书出版获得陕西省自然科学基金项目（2023-JC-YB-503）的资助。本书撰写期间，得到了西北工业大学无人系统技术研究院领导的大力支持。全书由张通撰写并统稿，李嘉奇、刘春江参与撰写第 2 章，许建宇、江亦蕾参与撰写第 3 章，余佳洁参与撰写第 4 章，沈昊、庞明慧参与撰写第 5 章，尹英明、沈昊参与撰写第 6 章，在此表示衷心感谢。

由于作者水平和实践经验有限，书中难免有不妥之处，敬请读者批评指正。联系邮箱：zhangtong@nwpu.edu.cn。

目　录

第1章 绪 论

1.1 研究背景和意义

微型旋翼无人机体积小、运动敏捷、控制简单,并且具有垂直起降以及自主悬停等能力,能够在狭小空间中快速飞行,可以执行灾后救援、线路巡检、目标追踪、地形勘探、战场侦察、行星探测等任务(图 1-1)。尤其在灾后救援以及战场侦察等执行人员存在危险的任务环境中,使用微型旋翼无人机代替人类去执行此类危险任务能够减少人员伤亡。因此,微型旋翼无人机可以代替人类执行枯燥繁琐、重复性高,甚至危险的工作任务,能够影响并改变人类的生活方式和战争方式。

图 1-1 微型旋翼无人机应用示例

微型旋翼无人机执行战场侦察、行星探测等任务并发挥显著作用的前提是具备自主飞行能力:在卫星导航信号拒止环境下的自主定位能力、飞行过程中的实时局部地图构建能力、在线轨迹规划能够使自身自主躲避地形和动态障碍物的能力。

微型旋翼无人机执行灾后救援、幸存人员搜索、目标追踪、反恐侦察等任务时,面临场景未知或已经严重发生变化的情况。因此,微型旋翼无人机需要在具备自主飞行能力的基础上,在无任何先验信息条件下对未知的任务场景进行完整的地图建模以及探索,以获得足够多的场景信息支撑其执行后续任务,即具备自主探索能力。

基于视觉信息和惯性测量器件融合的自主定位技术是卫星导航信号拒止环境下定位技术的研究热点,已有大量的研究成果。然而,面对复杂场景会面临如下挑战：光照变化大、纹理稀疏等情况时，自主定位的初始化时间长，定位精度将会下降；旋翼无人机对高速移动、剧烈转动等挑战性运动十分敏感，导致视觉相机拍摄的图片出现运动模糊，定位精度会大幅降低。因此，针对在光照变化和稀疏纹理的复杂环境中传统自主定位方法容易丢失特征点、无法长时间稳定运行等问题，可以将线特征作为新的图像提取信息，以提高无人机定位的稳定性和精度；同时，需要进一步研究其中的几个关键问题：点线特征提取与匹配问题、视觉惯性联合定位问题、点线特征重定位问题。

传统的地图构建方法，如栅格地图、八叉树地图和欧氏距离场（ESDF）地图，面对光照变化的玻璃等目标时会产生空洞，导致无人机在线轨迹规划错误。因此，需要研究基于优化的地图构建方法，基于边缘域变换对光照在深度图上产生的空洞进行填补，以防无人机规划错误的轨迹，并对稠密点云地图进行优化，根据从灰度图和深度图提取的超像素生成面元，通过面元来构建具有全局一致性的半稠密点云地图。

基于搜索的微型旋翼无人机在线轨迹规划方法，以搜索方式建立初始轨迹并通过梯度信息不断优化初始轨迹，在提高规划和飞行速度方面具有巨大的潜力，受到越来越多的关注。然而，大多数方法只注重安全性和可行性，即在生成轨迹时因安全性和可行性忽视了微型旋翼无人机的敏捷特性，导致生成的轨迹过于保守。因此，激进的局部规划仍然是一个巨大的挑战，这就要求规划器能以更短的时间快速生成更高质量的轨迹，并且保证轨迹的安全性和可行性。

自主探索技术多数以导航至最近的未知区域、只考虑目标观测点区域的环境信息等贪婪的方式作为探索决策方法，忽略了探索过程中的环境信息增益，效率低下，并且多数方法采用的轨迹规划技术为了保障飞行的安全性，思路都比较保守。这种保守的规划方法使得微型旋翼无人机在探索过程中存在多个悬停规划点，使其飞行不连续，增加探索时间，降低探索效率。针对飞行过程中环境信息未得到充分利用和现有观测点决策方法导致整体探索效率低的问题，需要深入研究。

与单机器人探索相比，多机器人协同探索可以通过在线协调机器人的探索区域和探索路径，实现机器人之间的分工与合作，能在短时间内收集更多的环境信息，减少探索所需时间，并具有鲁棒性、冗余性和可靠性等优点。随着传感器技术和嵌入式计算技术的发展，无人机的感知能力和在线计算能力得到很大提升，多无人机协同探索逐渐由面向二维场景、集中式架构转变为面向三维复杂场景和更灵活的分布式架构。然而，实现未知室内环境下的多无人机分布式协同探索，还涉及如何轻量化地表征三维环境和共享地图、如何提升分布式探索决策规划的效率等重点和难点。

1.2　微型旋翼无人机自主飞行技术发展现状

1.2.1　自主定位技术发展现状

自主定位要求微型旋翼无人机不依赖外部传输的先验信息，仅通过自身携带的传感器对周围环境进行感知并完成对自身的定位。视觉传感器相机具有体积小、价格便宜、可获得环境纹理信息的优点，被广泛应用于自主定位，但相机在微型旋翼无人机剧烈运动时容易产生视觉模糊，可以使用惯性测量单元（inertial measurement unit, IMU）对其进行补充，因此基于微型旋翼无人机的自主定位技术常使用相机与 IMU 作为基础传感器[1]。基于视觉惯性融合的自主定位技术，即视觉惯性里程计（visual-inertial odometry, VIO），有两大框架：基于滤波的 VIO 和基于优化的 VIO[2]。

基于滤波的 VIO 技术通常利用扩展卡尔曼滤波器（extended Kalman filter, EKF）[3]，将无人机的位置和姿态（简称"位姿"）以及环境中特征点的坐标作为系统状态变量，只考虑系统最近的状态，根据预测以及测量的协方差矩阵计算下一次滤波迭代值的权重，直至获得系统状态的滤波值。基于滤波的 VIO 算法中最经典的多状态约束的卡尔曼滤波器（multi-state constraint Kalman filter, MSCKF）由 Mourikis 等[4]在 2007 年提出，在大场景下也能够进行高精度的位姿估计，其学生在 2013 年提出的 MSCKF2.0[5]可以在线估计相机与 IMU 外参，为 VIO 系统提供一个优良的初始值。2017 年，Kumar 实验室开源了类似的基于滤波的 VIO 框架——MSCKF-VIO[6]，该框架将双目相机与 IMU 融合，利用滑动窗口建立多个时刻位姿之间的约束，能够适应更加剧烈的运动，是基于滤波的 VIO 技术常用的一个开源框架。

基于优化的 VIO 技术通过非线性优化的方式，利用光束平差（bundle adjustment, BA）法最小化重投影误差，以求解最优的系统状态变量[7]。2014 年，Stefan 等[8]开源了基于关键帧优化的 VIO 系统 OKVIS。2018 年，沈劭劼团队开源了基于单目相机的 VIO 系统 VINS-Mono[9]，该系统具有自主初始化、在线标定外参、回环检测等功能，是目前最常用的一种 VIO 框架，该团队在 2019 年对代码进行了开源，并且在 2019 年推出了 VINS-Mono 的优化版本——VINS-Fusion[10]。2020 年，西班牙萨拉戈萨大学的研究人员提出了 ORB-SLAM3[11]，是在他们之前提出的 ORB-SLAM2[12]、ORB-SLAM[13]基础上进行的改进，在 IMU 初始化阶段就引入最大后验概率，加速初始化进程，并利用多子地图系统纠正视觉信息，使算法更具稳定性。2021 年，高飞团队在 VINS-Fusion 的基础上提出了 VID-Fusion[14]，将电机推力和外力作为因子加入优化，实现更加精确和稳定的自主定位。

　　VIO 将相机与 IMU 两种传感器进行融合实现组合导航,从而实现了高精度和高稳定性的自主定位,可以适应各种非结构化环境,在不同的环境下能稳定运行,但是它们的计算成本较高。为实现定位效果,点特征是最常用的特征类型之一,但通常的点特征算法对于弱纹理场合,如廊道、门窗、白墙等,很难测试到相应数量的点特征。此外,因为相机高速运动、弱纹理环境条件或者光照改变等因素,点特征的匹配数量也将会大幅降低。许多先进的 VIO-SLAM 系统采用了轻量级前端方法[8,15],如特征点检测器[16]、ORB 检测器[17-18]、Harris[19]或 Shi-Tomasi[20]角点、KLT 光流跟踪器,这些方法的跟踪性相对较弱,精度不高。由于前端特征跟踪和数据关联的累积误差,整个 VIO-SLAM 系统在长期运行过程中容易发生跟踪丢失或数值优化发散。

1. 图像处理技术研究现状

　　基于特征的运动重建技术,如视觉即时定位与地图构建(simultaneous localization and mapping,SLAM)或运动恢复结构(structure from motion, SFM),一般通过检测和跟踪几个几何特征,最小化重投影误差来恢复相机姿态。在这种情况下,已经提出了几种成功的方法,如一种单目 SLAM 算法——PTAM[21],该算法依赖于 FAST 特征。ORB-SLAM[12]也提供了一个高效准确的 SLAM 系统,可以快速和连续地对特征点进行跟踪,能够对存储的地图[22]进行调整。尽管二进制描述子在亮度变化的条件下相对稳定,但当穿越弱纹理或光照变化的场景时,因为跟踪到的特征点数量下降,这些定位算法会受到显著影响。

　　点特征是最低层次的特征,在纹理丰富的场景中易于提取。然而,在弱纹理环境中,点特征不能保持持续的相互关系,甚至短暂消失,这些问题会导致跟踪失效。在人造场景中尽管缺乏可靠的特征点,但通过利用真实环境中更多的结构信息,如边缘线[23]、线特征[24]、平面[25],系统可以获得更准确的姿态估计。这几种特征具有点特征 SLAM 系统所不具备的条件优势:首先,它们对弱纹理环境、宽视角范围和运动模糊等场景的敏感度较低;其次,特定的线段检测器和描述子的出现,如 LSD 算法[26]和 LBD 描述子[27],使得可以采取其他方式进行特征跟踪。文献[28]提出了一种基于图像点线的立体 VO 算法,并采用立体匹配算法来计算线段上多个点的视差,以应对白墙的情景。在文献[29]中,三维投影的线坐标和运动估计采用的是标准正交表示,通过光流技术跟踪特征,因此定位的性能在快速运动时得到提升[30]。Pumarola 等[31]在 ORB-SLAM 的基础上为视觉跟踪添加了线特征,并提出了结合单目点和线的视觉点线 SLAM、PL-SLAM 算法。线段以其端点表示,投影误差则由端点算到直线,而直线本质上仍然使用点特征。Pumarola 等首先使用标准正交表示最小参数,以建模视觉 SLAM 系统中的直线特征和点特征,并分析线参数重投影误差的雅可比矩阵,以改进 SLAM 解决方案,并解决了线的过度参数化问题。然而，在构造误差优化代价函数时，只增加了点和线的重投影误差，造成了计算量的增加，导致 SLAM 系统不能实时运行。

2. 视觉惯性初始化研究现状

如果同时用到相机和 IMU，就必须在初始化过程中先计算几个参数，如尺度、重力矢量、初始速度、加速度计和陀螺仪的偏置。不够精确的初始化会导致系统收敛性差，以及对所有其他变量估计的不准确。此外，快速初始化与精确初始化一样重要，这是因为只要 IMU 没有初始化，就不能实现视觉惯性 SLAM 的定位功能。以往关于视觉惯性初始化的研究可以分为松耦合和紧耦合估计方法。联合视觉惯性初始化是由文献[32]率先提出的，其提出了一种封闭形式的解决方法来联合检索尺度、重力矢量、加速度计偏置、初始速度以及视觉特征。这种方法建立在相机姿态可以根据 IMU 测量值粗略估计的假设之上。该方法跟踪所有图像中的几个点，并建立一个方程组，认为从任何相机中看到的三维点坐标应该是相同的，再用线性最小二乘法求解。

原始和修改的初始化方法都忽略了 IMU 噪声特性，最小化了空间点的 3D 误差，而不是重投影误差，这会导致大量不可预测的错误，可以通过视觉惯性光束平差法来纠正这些错误。该方法在公共 EUROC 数据集上实现了联合视觉惯性初始化在 2s 内完成，尺度误差为 5%。然而，对于立即启动的旋翼无人机来说，这种初始化并没有彻底解决问题。不相交视觉惯性初始化基于一个确定的假设，即从单目视觉可以非常精确地估计出最大尺度的相机轨迹，然后利用这个轨迹来估计惯性参数。由于视觉 SLAM 系统使用局部约束减少误差，并提供比 IMU 精度高得多的轨迹，因此在估计惯性参数时，可以忽略这种轨迹的不确定性。这个算法是由 Mur-Artal 等[33]在 ORB-SLAM 2 中率先提出的，后来被 Qin 等[34,9]在 VINS-Mono 中采用。在这两种算法中，惯性参数是通过最小二乘法求解一组线性方程得到的。在文献[35]中，通过消除每帧的速度来构建线性系统。但是，在这些代数操作之后，最小化的误差是毫无意义的，并且与传感器噪声特性无关。为了获得精确的估计，包括加速度计偏置，该方法需要 15s 进行初始化。在文献[36]中，加速度计偏置被假定为零，需要 12s 来进行初始化，这取决于初始的运动激励，如图像的变化、IMU 的加速度和角速度变化。在这两种方法中，IMU 测量被混合在同一个线性系统中，所有方程的残差都以相同的权重考虑，忽略了传感器噪声的不确定性。这些方法都没有完全解决初始化最为重要的问题：初始化时间较长和精度不高[37-38]。

3. 回环检测研究现状

无论用于感知环境的传感器如何，都不可避免地会出现噪声干扰，这会导致地图和机器人位姿的计算误差，从而出现不一致的位置表示。为了克服这个问题，SLAM 系统通常依赖于回环检测（loop closure detection, LCD）方法来识别以前看到的位置。基于外观的回环检测方法[39-42]提供了额外的约束条件，可用于纠正累积的漂移。

点特征是最常用的回环检测信息源之一，因为它们在一般条件下具有更广泛的适用性。建筑物内人造环境通常带有结构规律，可以用更丰富的线特征[43-44]来描述。在结合点和线方法的文献中[45-46]，可以找到几种解决方案，但它们中的大多数只依赖于 LCD 阶段的特征点，丢弃了线特征的信息。其他方法选择整体图像表示[47-48]，之所以不能实时运行 SLAM[49]，是因为它们往往需要大量的计算资源，这使得它们不适合用于所有情况下的旋翼无人机定位。词袋模型（BoW）[50]与一个倒置文件相结合，是基于外观的循环检测中最常用的索引方案之一。根据视觉词汇表的生成方式，基于 BoW 的解决方案[51]可以分为离线方法和在线方法。离线方法在训练阶段中生成视觉字典，这种方法非常耗时，同时结果词汇表的应用高度依赖于训练集的多样性。在线生成字典对处理器的运算速度提出了更高的要求。二进制描述子代替了 BoW 的实值描述子[52]。相似性可以使用汉明距离来计算，因此它们在计算时间和内存需求方面具有优势。此外，点、线特征都能转化为二进制描述子，但是线特征在回环检测的匹配环节消耗的时间较长。

1.2.2　地图构建技术发展现状

微型旋翼无人机在自主飞行中，对地图的构建要求精准且效率高，地图准确率的提高可以大大增加无人机在未知复杂环境中探寻的安全性，地图构建效率的提升能够释放无人机的存储空间。SLAM 技术在不同的应用场合会构建不同形式的地图[53]，可以分为三类：度量地图、拓扑地图和语义地图。度量地图可以精确地表达场景中各个物体之间的位置关系，所以在视觉 SLAM 中有较为广泛的应用。通常度量地图又分为稀疏地图、半稠密地图和稠密地图三种。

Mono SLAM[54]在 2007 年被提出，通过单目相机对未知场景进行三维重建，可实时且无漂移地恢复运动结构。Mono SLAM 的前端部分设计使用的是稀疏特征点匹配，后端利用扩展卡尔曼滤波算法，两者相结合实现在线稀疏地图的持续构建。Engel 等[55]提出了一种直接的单目 SLAM 算法——LSD-SLAM，可建立大规模、一致的环境地图，这标志着半稠密地图的成功应用；Weikersdorfer 等[56-57]首先通过单个像素时间进行操作，以生成具有精确定位的二维环境地图，然后通过将事件相机与 RGB-D 相机融合使三维地图的深度增强；Newcombe 等[58]提出了基于 KinectFusion 的建图和追踪系统，利用迭代最近点（iterative closest point, ICP）算法对深度相机的数据进行跟踪，以构建稠密的点云地图；Whelan 等[59]基于 KinectFusion 提出了扩展的 Kintinuous 算法，用三角网格代替点云创建地图，其区域空间可以动态变化，在此基础上融合 6 自由度相机进行稳健跟踪，并进行表面着色；Endres 等[60]提出了仅用 RGB-D 相机即可生成高精度 3D 稠密点云地图的 RGBD-SLAM-V2 系统；Labbé 等[61]根据 RGB-D 相机在 2014 年提出了 RTAB-MAP 系统来建立稠密点云地图，可在大规模场景中进行同步定位和局部建图，并克服了回环检测系统随着时间产生的累积误差；Mur-Artal 等[12]在 2017 年提出了 ORB_SLAM2 算法；2021 年 Campos 等[11]在 ORB_SLAM2 的基础上提出了基于特征点视觉惯导紧耦合的 ORB_SLAM3，相比于前者，其鲁棒性有了极大的提升，与此同时精度也提升了 2～5 倍，其特点还在于提出了多地图复用系统，高召回率的场景识别使其能够在弱纹理特征环境中更好地应用。

综上所述，构建的地图分为稀疏地图、半稠密地图、稠密地图三种，稀疏地图能够表达出场景中物体的形状和相对位置关系，半稠密地图和稠密地图能够将未知场景进行还原。无人机执行任务的场景不同，当其在障碍物较多的室内环境进行飞行和探索时更适合建立稠密地图，以便后续的轨迹规划。

1.2.3　在线轨迹规划技术发展现状

在线轨迹规划通常指局部轨迹规划只需要由传感器实时采集环境信息，了解环境地图信息，然后确定出旋翼无人机在地图上的位置及局部障碍物分布情况，从而选出从当前节点到某一子目标节点的最优轨迹。作为支撑旋翼无人机在复杂未知环境中自主飞行的关键技术，在线轨迹规划技术一般接收前端发出的准确定位结果作为输入，将自身规划的理想轨迹作为输出。文献[62]～[66]将在线轨迹规划技术分割为前端路径搜索和后端轨迹优化的框架，该框架是旋翼无人机自主导航技术常用的轨迹规划框架。

1.　前端路径搜索算法

前端路径搜索算法经过多年的发展，衍生出大量各式各样的算法，如基于搜索的算法[67]、基于采样的算法[68]、基于反应模式的算法[69-71]以及基于仿生学的算法[72]等。但在对实时性，即效率，要求高的旋翼无人机应用中，常用的仍是基于搜索以及基于采样的路径搜索算法。

1）基于搜索的路径搜索算法

基于搜索的路径搜索算法将配置空间离散化，并将路径搜索转化为图搜索的方式，将地图建模为节点与边的形式，以起始点为始，对周围节点进行扩展，搜索路径最短节点，直到目标点被搜索到。这样的搜索算法可以得到一条最优的全局路径，因此基于搜索的路径搜索算法被广泛采用，典型的算法有 Dijstra、A*、JPS[73]、ARA*[67]和 Hybrid-A*[74]。

2）基于采样的路径搜索算法

基于采样的路径搜索算法在配置空间中随机采样，并且引导节点树向目标点方向生长，直到采样点到达目标点附近。最具有代表性的基于采样的路径搜索算法是 Lavalle[68]提出的快速探索随机树（RRT），但是该算法采样的轨迹冗长，并且采样无导向性，导致搜索时间偏长，因此之后的研究人员陆续提出了优化的 RRT 算法，如 PRM*、RRG、RRT*[75]，这些优化算法在采样中加入了基于目标点方向的导向性并且对采样节点做了最优化处理，使得基于采样的路径搜索算法也可以得到全局最优路径。

2. 后端轨迹优化

通常前端搜索的路径均为一系列离散点组成的折线，并不适合无人机执行，因此需要用后端优化的方式对轨迹进行参数化，以得到一条光滑且安全的轨迹。后端轨迹优化方法大致可以分为两类：一类是基于硬约束的轨迹优化方法，另一类是基于梯度优化的软约束轨迹优化方法。

硬约束轨迹生成方法利用多项式表示轨迹，并通过构建 QP 问题求解多项式轨迹的最小 snap（snap 是 jerk 的导数，jerk 是加速度 a 的导数），以此求解轨迹多项式系数[76]。文献[77]提出通过构建闭式解的形式来求解 snap 最小的轨迹多项式，但是该方法十分消耗计算资源，实时性较差，因此研究人员提出利用前端路径搜索提取一系列由球体、立方体或者多面体构成的安全空间（飞行走廊），之后采用凸优化的方式求解一条光滑的安全轨迹。但是这种方法并没有考虑时间分配问题，即可能导致轨迹速度或者加速度超出无人机本身的限制，以及飞行不安全。文献[78]提出一种基于 B 样条的轨迹优化方法，该方法利用基于动力学的前端路径搜索得到具有时间维度的初始路径，之后利用均匀 B 样条对初始路径进行优化，得到一条光滑且可执行的轨迹。虽然硬约束轨迹优化方法可以保证全局最优性，但是安全空间与障碍物之间的距离不在优化范围内，导致利用硬约束优化得到的轨迹离障碍物比较近，增加无人机飞行危险。

基于梯度优化的软约束轨迹生成方法，其核心思想是构建由轨迹安全性约束、光滑性约束和动力学可行性约束组成的代价函数，并利用非线性优化的方式求解一条使上述代价函数值最小的轨迹，即最终规划的轨迹[79]。文献[80]利用采样无梯度的方法求解最优轨迹，文献[81]将其扩展到连续时间的多项式轨迹，这样的轨迹表示方法可以避免离散微分带来的误差，使得规划的轨迹更符合真正的旋翼无人机可执行的轨迹，然而这种方法由于考虑较多约束，成功率不高。为了解决这个问题，文献[82]提出启发式的基于采样的路径搜索方法，以获得质量更高的初始轨迹，为后端非线性优化减轻负担，提高成功率。文献[83]利用均匀 B 样条的方式参数化轨迹，因为均匀 B 样条天然连续，所以后端非线性优化不需要强制去约束轨迹光滑性，大大提高了轨迹优化成功率。软约束轨迹生成方法利用梯度下降的方式使轨迹远离障碍物，但是会造成局部极小值，并且不能完全保障轨迹一定满足安全性要求以及动力学约束。文献[84]提出了一种基于无 ESDF 梯度的规划框架，通过比较碰撞轨迹和无碰撞引导路径，建立了代价函数中的碰撞项，大大减少了计算时间，随后在此基础上提出了一种完全分布式的基于全新轨迹表示形式 MINCO[85]的飞行机器人集群自主导航的分散异步系统解决方案[86]。

综上所述，目前的在线轨迹规划技术愈发成熟，已成功地将自主飞行从仿真中"飞"进现实世界，并正往更轻量级、更高效的集群自主飞行发展。然而，现有的在线轨迹规划技术为了保证绝对的安全性而使规划趋于保守，忽略了旋翼无人机的敏捷特性。本书重点关注该问题，在保证规划轨迹安全性的同时，提出了一种更激进的基于搜索的在线轨迹规划方法，使无人机规划飞行速度更快。

1.2.4　自主与协同探索技术发展现状

自主探索是指无人机通过自身传感器在未知环境中进行感知并实时构建环境地图的过程，是旋翼无人机的重要应用。为了实现未知环境中的无人机自主协同探索，需要设计合适的探索策略。该研究工作根据探索策略的不同，主要分为基于前沿的探索和基于采样的探索两种类型[87]。

1. 基于前沿的探索

基于前沿的探索由 Yamauchi[88]提出，其中边界点指的是地图中未探索空间和已知自由空间之间的边界单元，前沿是由边界点组成的地图的边缘区域。Yamauchi[89]将该方法扩展到多机器人系统中，使机器人贪婪地选择效用最大的前沿区域作为下一个探索目标点并规划路径执行任务，但该方法仅利用了多机器人之间的信息共享能力，并没有进行真正意义上的多机器人协作，因此在探索过程中容易产生重复探索，导致探索效率降低。

为了提升探索效率，Faigl 等[90]考虑到复杂的分配过程，提出了一种新的探索策略，即确定一组探索目标点而不是所有的前沿点分配给机器人，并提出了下一个探索目标点的确定方式，该方法可以减小分配过程的计算量、减少探索时间且更适用于分布式环境。Nieto-Granda 等[91]针对多机器人探索过程中的不同情况提出了预备、分散探索和伙伴系统三种策略，其中预备策略是指机器人在起始区域等待；分散探索策略是指当机器人团队遇到分岔路口时分成两部分；伙伴系统策略是指两个机器人结伴同行，直至遇见新的分岔路口。这三种策略适合于结构化环境并且对机器人的个数有一定要求。Batinović 等[92]基于花费M效用模型提出了一种"分布式"的多机器人协同探索策略，信息交换仅限于包含移动机器人位置和当前移动机器人目标点的数据，减少了机器人之间的通信内容，但是需要采取一种集中式的地图融合机制。Yu 等[93]针对目标点在边界之间来回变化的问题，提出了一种基于多机器人多目标势场的探测策略，通过建立新的势场函数，消除了势场中的局部极小值，采用的前沿聚类算法也能减少计算开销，在一定程度上提升了探索的效率。Zhang 等[94]提出了一种分层跃点图神经网络，使机器人能够有针对性地集成图形环境中的关键信息，并用多智能体强化学习来训练协同探测策略，但是非线性聚合模型并不稳定。

上述内容都是前沿方法在二维探索问题中的研究，目前也有一些研究工作将其扩展到了三维领域。

Dong 等[95]提出了一种面向多机器人室内场景三维重建的自主探索方法，该方法从当前地图中提取出障碍物与未知空间之间的"前沿点"，其主要目的是实现快速重建；在协调策略上，定义了一个基于最优质量传输的动态任务分配问题，将提取的视图分配给机器人规划路径并执行。Corah 等[96]针对大型非结构化三维场景中的探索与建图问题，提出了一种轻量化的方法，首先基于高斯混合模型建立全局地图模型，其次使用蒙特卡罗射线生成一个用于规划的栅格地图，最后提出一种有限视界的、基于信息的规划方法，但是该方法并未考虑多机器人之间的协调工作，导致探索效率不高。Renzaglia 等[97]针对三维空间中前沿观测点分配计算量大的问题，提出了一种基于前沿的认知自适应优化算法，即交替使用无梯度随机优化算法和基于前沿的探索方法来解决多无人机探测未知地形的问题，该算法在局部采用无梯度随机优化算法，当机器人陷入局部最优时就切换到基于前沿的探索方法重启优化，减少了在大规模地图中提取前沿点的次数，从而减小计算成本。Williams 等[98]针对三维场景前沿生成困难的问题，提出了一种直接利用点云地图的三维前沿生成方法，直接建模已探索和未探索空间的边界，而不是计算和存储密集的三维空间地图，该方法能在线应用于复杂环境，提升了前沿生成速度，在一定程度上能提升探索效率。

2. 基于采样的探索

基于采样的探索与基于前沿的探索不同，不需要使用额外的手段从地图中获取下一个探索目标点，它以一种随机采样的方式探测环境，如果探测到有价值的区域，就将其保存起来并进行后续操作。采样探索的思想受到了 RRT[68]的启发，

RRT 原本用于在未知环境中搜索机器人到目标点的路径,后来被应用到移动机器人的探索领域。Oriolo 等[99]在 RRT 的基础上提出了一种基于传感器的随机树结构,其节点包括机器人的无碰撞配置以及节点处由传感器感知到的周围局部安全区域的描述,从而保证随机树只在机器人的安全工作区域内扩展,然后机器人通过反复执行树上的边完成探索。

Umari 等[100]提出了一种使用 RRT 探测环境中边界点的策略,用于解决单机器人探索未知环境的问题,该策略通过维护独立生长的机器人局部树和全局树在局部和全局范围内探索地图中的边界点,然后将这些边界点进行排序并依次发送给机器人,再由机器人规划出路径向目标点移动。Zhang 等[101]将 Umari 等的工作扩展到了多机器人领域,该方法仍然采用基于全局树和局部树的探索框架,在各机器人的局部和全局环境中探索边界点,增加了多机器人协调模块,采用任务分配方法将探索到的边界点分配给各机器人,然后由机器人规划路径并执行。他们在模拟和真实世界中验证了其方法的有效性。梁璪[102]对 RRT 的扩展过程进行了改进,通过反复利用每一次随机采样得到的点来加快树的扩展速度,实现对每一次有效探索的充分利用,从而提高边界点的探测速度,提高探索效率。梁多[103]针对三维场景中探索任务计算量大的问题,提出了一种基于多棵快速探索随机树(multi-RRT)的多机器人协同探索方法,通过结合局部 RRT 和全局 RRT,对局部和全局环境同时进行随机采样探索,以获得合适的观测点。

综上所述,基于前沿的探索方法主要面临三维环境中搜索前沿计算量较大的问题,基于采样的探索方法虽然计算量较小,但是存在随机性,并且在狭窄环境存在无法扩展的缺点。

1.3　本书的主要内容和特色

本书研究基于点线特征融合的视觉惯性融合自主定位方法,改进的微型旋翼无人机自主飞行建图方法,发挥微型旋翼无人机敏捷优势的激进式在线轨迹规划方法,基于双层搜索的自主探索方法,并提出一个协同探索框架,建立起一套微型旋翼无人机自主飞行的理论。全书包括 6 章内容,各章主要研究内容和特色如下所述。

第 1 章主要介绍微型旋翼无人机自主飞行技术的研究背景与意义,对涉及的自主定位技术、地图构建技术、在线轨迹规划技术、自主与协同探索技术的发展现状进行分析,总结现阶段技术存在的问题,明确本书的研究方向。

第 2 章提出新的基于点线特征融合的视觉 SLAM 架构。首先,针对点特征的提取与匹配，提出基于快速双边滤波的 SURF 算法以及 KD-TREE 算法，同时对 LSD 线特征提取算法进行参数调整，利用几何约束进行线特征匹配，通过随机抽样一致性算法剔除误匹配，减小特征匹配过程中的计算量。其次，在视觉惯性融合方面，把线特征信息加入后端优化过程中，推导点特征、线特征、IMU 的观测方程以及误差关于状态量的雅可比矩阵，对后端进行非线性优化，采用线点回环检测（LiPo-LCD）算法，结合两种词汇提供的信息，提出一种基于排序投票系统的重定位方法。最后，用公开数据集和飞行试验对提出的算法进行测试和验证，并对结果进行精度分析。

第 3 章改进微型旋翼无人机自主飞行地图构建方法。首先，从传统的地图构建方法开始，介绍栅格地图、八叉树地图、ESDF 地图的构建原理及方法。其次，提出基于优化的地图构建方法，利用边缘域变换对光照在深度图上造成的空洞进行填补，并进行试验验证，以防无人机因空洞规划错误轨迹。针对稠密点云地图全局一致性差、普适性差的问题，在灰度图和深度图中聚类提取面元，并构建基于面元的半稠密点云地图，以复现无人机所处场景中的物体空间位置关系。最后，针对无人机在未知环境中实现自主搜寻、检测、探索等任务的不同需求，在 YOLO 的框架上增加对特定目标物尺度信息和位姿的估计，实现微型旋翼无人机在室内环境中的三维目标检测。

第 4 章研究基于搜索的微型旋翼无人机在线轨迹规划方法。首先，介绍当前主流的基于搜索的在线轨迹规划方法，指出当前主流方法存在规划过于保守导致浪费旋翼无人机敏捷特性的问题。其次，提出一种更激进的基于梯度的局部规划器。使用 Hybrid-A*引导路径点替换障碍物中的控制点，生成对优化更友好的距离梯度信息，更有效地为自由碰撞生成梯度信息。此外，创建一种新的时间跨度优化项，以在解决不可行性问题的同时快速优化整体的轨迹速度。最后，进行数字仿真和实机飞行试验，结果表明改进方法能够在动力学限制下有效提升规划速度和飞行速度，实现更激进的自主飞行。

第 5 章对基于前沿的微型旋翼无人机自主探索方法进行改进。针对飞行过程中环境信息的浪费问题，提出基于飞行过程中环境信息增益的启发式自主探索方法；针对现有观测点决策方法导致整体探索效率低的问题，提出基于高斯采样的微型旋翼无人机自主探索观测点生成和决策方法。针对自主探索的实际应用场景，提出不同于第 4 章的轨迹规划方法与偏航角规划方法，使无人机更好地适应自主探索任务。最后，对以上涉及的方法进行数字仿真和实机试验，结果表明了所述方法的有效性。

第 6 章提出一种协同探索方法，用于多微型旋翼无人机的分布式协同探索。

针对微型旋翼无人机协同探索通信数据量较大的问题，在八叉树地图的基础上进行二进制编码，提出一种轻量级的地图融合方法，并进行数字仿真试验，试验结果表明所述方法与其他方法相比有更优越的性能；针对多微型旋翼无人机协同探索效率较低的问题，提出一种基于非对称旅行商问题（asymmetric traveling salesman problem, ATSP）的分布式协同探索决策与规划方法。首先，考虑微型旋翼无人机的全局探索规划，将探索过程任务分配问题降维并建模为 ATSP 进行求解；其次，基于 B 样条曲线对微型旋翼无人机的轨迹进行规划，使微型旋翼无人机能在探索过程中快速、安全地导航；最后，进行数字仿真试验和实机试验，验证本章所述方法的可行性和实用性。

第2章　微型旋翼无人机自主定位方法

2.1　引　　言

微型旋翼无人机自主定位是其自主飞行的基础和前提，只有获取自身的精确位置，才能完成复杂的飞行任务。自主飞行要求无人机在没有任何先验信息和外部信息输入的情况下，只依赖自身传感器的测量信息独立自主地通过对周围环境的感知计算自身的位置和姿态。本章对无人机自主定位中的视觉惯性融合定位方法进行介绍[104-105]，内容包括三部分，2.2 节讲述视觉点线特征提取与匹配方法，2.3 节讲述视觉惯性融合定位方法，分别从初始化、后端优化、回环检测三个方面进行介绍，2.4 节分别通过公开数据集试验和飞行试验对定位方法进行验证。

2.2　视觉点线特征提取与匹配

2.2.1　预处理

由于图像中存在的噪声和伪特征会对点线特征提取结果造成影响，从而影响到相机位姿估计，因此需要通过滤波处理来提高图像质量。双边滤波器作为一种非迭代的光滑图像处理方式，可以平稳图像处理过程和保持边界细节。其本质上是一种加权卷积，在这里各个像素的权值并不仅仅取决于它和中央像素之间的距离，还取决于其相对强度，如式（2-1）所示：

$$\begin{cases} H_{\mathrm{BL}} = \dfrac{1}{W} \sum_{y \in s} G_{\sigma_{\mathrm{d}}} \left(\|x-y\| \right) G_{\sigma_{\mathrm{r}}} (I_x - I_y) I_y \\ W = \sum_{y \in s} G_{\sigma_{\mathrm{d}}} \left(\|x-y\| \right) G_{\sigma_{\mathrm{r}}} (I_x - I_y) \end{cases} \quad （2\text{-}1）$$

式中，H_{BL} 为双边滤波结果；$G_{\sigma_{\mathrm{d}}}$ 为空间距离权重；W 为滤波窗口中所有像素点的权重和；x 为当前点的坐标；y 为 $s \times s$ 区域内点的坐标；I_x、I_y 为像素值；$G_{\sigma_{\mathrm{r}}}$ 为灰度值权重；σ_{d} 为空域高斯函数标准差；σ_{r} 为值域高斯函数标准差；$\|x-y\|$ 为 I_x、I_y 的空间距离。

2.2.2　点特征提取与匹配

1. 点特征提取算法

1）SURF 特征点提取算法

SURF 计算中积分图像[106]的定义是由 Viola 和 Jones 给出的。设积分图像上有一点 (i, j)，该点像素值为由图像原点与该点组成的矩形域中所有像素点灰度值之和，如图 2-1 所示，用如下数学表达式来描述这一过程：

$$ii(i, j) = \sum_{i' \leqslant i, j' \leqslant j} p(i', j') \tag{2-2}$$

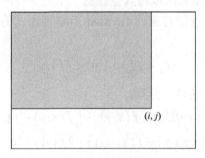

图 2-1　积分图像

以图 2-2 为例，将由像素点 (i, j) 与原点构建的矩形区域按照其中心点分成四部分，假如对区域 W 的积分进行计算，只需要计算这个区域的四个顶点在积分图像上的值，再通过简单的计算就可以得到 W 的积分，如式（2-3）所示：

$$\sum_W = ii(i_4, j_4) - ii(i_2, j_2) - ii(i_3, j_3) + ii(i_1, j_1) \tag{2-3}$$

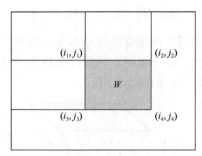

图 2-2　区域划分

为了得到图像中稳定的边界点，为特征提取打好基础，需要先对积分图像建立 Hessian 矩阵。Hessian 矩阵是由多元函数的二阶偏导数所形成的方阵。对于一个图像，若其高斯卷积为 $f(x, y)$，其 Hessian 矩阵为

$$H\left(f\left(x,y\right)\right)=\begin{bmatrix}\dfrac{\partial^2 f}{\partial x^2} & \dfrac{\partial^2 f}{\partial x\partial y}\\[2mm] \dfrac{\partial^2 f}{\partial x\partial y} & \dfrac{\partial^2 f}{\partial y^2}\end{bmatrix} \tag{2-4}$$

在构造 Hessian 矩阵前需对图像进行高斯滤波，经过滤波后 Hessian 矩阵的表达式为

$$H\left(x,\sigma\right)=\begin{bmatrix}L_{xx}\left(x,\sigma\right) & L_{xy}\left(x,\sigma\right)\\ L_{xy}\left(x,\sigma\right) & L_{yy}\left(x,\sigma\right)\end{bmatrix} \tag{2-5}$$

若当前角点比周围相邻区域内其他任意一个点更亮或更暗，则此角点被认为是一个特征点，这时该点所对应的 Hessian 矩阵判别式的值最小。对 x 求一阶偏导，有

$$L_x = f\left(x+1,y\right)-f\left(x,y\right) \tag{2-6}$$

式（2-6）再次对 x 求导，得到：

$$\begin{aligned}L_{xx} &= \left[f\left(x+1,y\right)-f\left(x,y\right)\right]-\left[f\left(x,y\right)-f\left(x-1,y\right)\right]\\ &= f\left(x+1,y\right)+f\left(x-1,y\right)-2f\left(x,y\right)\end{aligned} \tag{2-7}$$

其余二阶偏导同理，最终 Hessian 矩阵的判别式为

$$\det\left(H\right)=L_{xx}L_{yy}-L_{xy}L_{xy} \tag{2-8}$$

SURF 算法采用盒式滤波器来代替高斯滤波器，大大地提高了计算速度。因此，可以在 L_{xy} 前乘上一个加权系数 0.9，用来平衡因使用盒式滤波器所产生的偏差：

$$\det\left(H\right)=L_{xx}L_{yy}-\left(0.9L_{xy}\right)^2 \tag{2-9}$$

在 SURF 算法中，不同组间图像的尺寸都是一致的，不同组间使用的盒式滤波器的模板尺度逐渐增大，同一组间不同层间使用相同尺度的盒式滤波器，但是盒式滤波器的尺度逐渐增大，如图 2-3 所示。

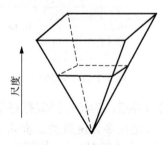

图 2-3　盒式滤波器

图 2-3 所示即为使用的盒式滤波器，表示高斯模板尺度变化，而图像大小不变。

2）特征点的位置和主方向分配

把经 Hessian 矩阵处理过的每个像素点与二维像素空间和尺度空间邻域中的 26 个点做对比，以初步定位出特征点，然后逐步消除伪特征点和错误位置的特征点，以筛选出最终的稳定的特征点，如图 2-4 所示。

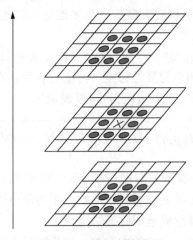

图 2-4　特征点筛选

为使特征点具备旋转不变性，要为其分配主方向。在 SURF 算法中，统计特征点邻域内的 Harr 小波特征。以特征点为中心，在半径为 $6s$（s 为特征点所在的尺度值）的邻域内，统计 60°扇形内所有点在水平、垂直方向上的 Harr 小波响应值总和，并给这些响应值赋高斯权重系数，使得靠近特征点的响应贡献大，而远离特征点的响应贡献小，最后将最大响应值的扇形方向作为特征点的主方向。Harr 小波扇形方位图如图 2-5 所示。

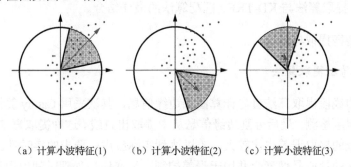

（a）计算小波特征(1)　　（b）计算小波特征(2)　　（c）计算小波特征(3)

图 2-5　Harr 小波扇形方位图

由于本书采用 SURF 特征提取算法，所有的 4×4 子区域内的描述向量组合在一起构成了 64 维描述向量，信息更丰富，小波响应不受光照变化的影响，将描述向量归一化为单位向量，该单位向量具有尺度不变特征，便于匹配算法进行跟踪。

2. 点特征匹配算法

Muja 等[107]在 2009 年提出 KD-TREE 算法，该算法通过 K 均值树搜索方法来实现，能够按照数据集合的布局特点、对映射精度的要求和空间信息资源耗费的需求来选择搜索类别和搜索参数，在多维空间结构最近邻搜索，而不受局部干扰。

KD-TREE 算法模型的特征空间一般是 n 维实数向量空间 R^n，其核心思路就是使用欧氏距离找到实例点的最近邻点。特征点 p 和 q 的特征分向量可分别记为 D_p 和 D_q，则两点间的欧氏距离 $d(p,q)$ 可以表示为

$$d(p,q) = \left\| D_p - D_q \right\| = \sqrt{\sum_{i=1}^{2}(p_i - q_i)^2} \qquad (2\text{-}10)$$

本书通过 KD-TREE 算法将数据点在 n 维空间 R^n 划分为特定的几部分，其目的是在 KD-TREE 算法中搜索与目标点的欧氏距离最小的点。把被搜索区域按照某种规律划分后，就能够形成地图树形结构。

首先通过二叉树搜索，比较待查询节点和分裂节点的分裂维值，待查询节点分裂维值小于等于分裂节点分裂维值就进入左子树分支，大于就进入右子树分支，直到叶节点，顺着"搜索路径"能快速找到最近邻的近似点，也就是与待查询节点处于同一个子空间的叶节点；然后回溯搜索路径，并判断搜索路径上的其他子节点空间中是否存在与待查询节点距离更近的数据点，如果存在，则需要跳到其他子节点空间中去搜索（将其他子节点加入搜索路径）。重复这个过程，直到搜索路径为空。通过试验发现，KD-TREE 算法中 Index Params 的参数为 5 时即可得到 SURF 特征提取算法与 KD-TREE 匹配算法的最佳结合。

2.2.3 线特征提取与匹配

1. 线特征提取算法

传统的线段提取算法首先计算图像边缘信息，其次采用 Canny 算法对边缘信息进行相似度检测，最后分割边缘信息从中提取出直线。这种提取算法非常耗时，在密集区域的提取误差也比较大，难以达到实际应用中要求的实时性。LSD 线特征提取算法的核心是像素合并用于误差控制，能在线性处理时间内得到亚像素级准确度。其检测步骤如下所述。

步骤 1：预处理输入的图像，对图像进行滤波或下采样操作。

步骤2：计算图像中每个像素间的梯度和夹角，规定像素的水平线和水平线的夹角，所有像素的水平线构成水平线场。

步骤3：合并水平线场中方向相似的像素构成一系列区域，称之为线段支持域，并且具有一个矩形与此支持域对应，矩形的主方向是此支持域的主轴方向。

步骤4：规定容忍角度 τ，如果线段支持域内像素点的水平线夹角和矩形主方向角度小于容忍角度，则将该像素点规定为内点。

步骤5：统计矩形中内点个数和像素点个数的比值 p_{pixel}。

步骤6：设置阈值 T，判断 p_{pixel} 是否满足阈值，如果满足则认为区域为线段，如果不满足分割此矩形，直至满足。

2. 线特征匹配算法

当前主流的线特征匹配策略为 LBD 描述子加 K 近邻（K nearest neighbor, KNN）匹配算法。对每帧图像完成线特征的提取后，对所有线特征计算 LBD 描述子并使用 KNN 匹配算法进行匹配，这种方法计算量过大，导致系统无法实时运行。

仅依据线段在连续帧上的几何一致性，即图像的定向方向、图像间的重合程度以及外极约束，就可以成功地沿着图像序列进行线特征匹配。本书引入几何约束匹配算法来解决这种与纯几何线匹配相关的模糊性问题。

线特征分段匹配算法第一阶段的输入为双目视频序列的一对图像 I_1 和 I_2。定义 $L_1 = \{s_i, e_i \mid i \in 1, 2, \cdots, m\}$ 和 $L_2 = \{s_j, e_j \mid j \in 1, 2, \cdots, n\}$ 分别表示图像 I_1、I_2 的线段集合，s_k 和 e_k 表示线段 l_k 的两个端点（$k = i, j$），则线段 l_k 的方向向量为

$$\vec{l}_k = \frac{s_k - e_k}{\|s_k - e_k\|_2} \tag{2-11}$$

式中，方向向量 $\vec{l}_k$ 代表线段 l_k 的几何特征。给定 L_1 和 L_2，定义：

$$M_{12} = \left\{ (l_i, l_j) \mid l_i \in L_1 \wedge l_j \in L_2 \right\} \tag{2-12}$$

M_{12} 为两个输入图像之间对应线段的子集。要正确对 l_i 和 l_j 进行匹配，它们必须在平行的同时具有足够的重叠，并且符合两个视图的极线几何。为了使线平行，计算图像平面中两条线段 l_i、l_j 的夹角，即

$$\theta_{ij} = \arctan\left(\frac{\vec{l}_i \times \vec{l}_j}{\vec{l}_i \cdot \vec{l}_j} \right) \tag{2-13}$$

但是，图像中任一位置的两条线段都有可能满足平行的条件，通过将两条线段共同部分的比率定义为重叠 $\rho_{ij} \in [0,1]$ 来应对这一情况，如图 2-6 所示，当线段之间没有重叠或完全重叠时，ρ_{ij} 分别取 0 或 1。

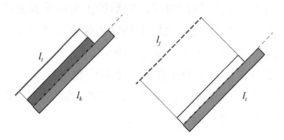

图 2-6　线特征的分段匹配

将两条线段长度之间的比率定义为

$$\mu_{ij} = \frac{\max\left(|l_i|,|l_j|\right)}{\min\left(|l_i|,|l_j|\right)} \tag{2-14}$$

式中，$|l_k| = \|s_k - e_k\|_2$ 代表第 k 条线段 l_k 的长度，长度不够接近的线段对会被剔除（如果两条线段的长度相似，则 μ_{ij} 的值接近于 1）。

最后，将对极几何作为两种情况的约束。在第一种情况下，即双目匹配，线段中点定义为 $m_k = (s_k + e_k)/2$，则由中点流动矢量 $x_{ij} = m_i - m_j$ 形成的角度如式（2-15）所示：

$$\theta_{ij}^{st} = \arcsin\left(x_{ij} \times \eta_1 / \|x_{ij}\|\right) \tag{2-15}$$

式中，η_1 表示流动矢量的单位方向向量。

在帧到帧的情况下，假设图像被运动分开，定义由 x_{ij} 和 Y 方向（其单位向量由 η_2 给出）形成的角度为

$$\theta_{ij}^{ff} = \arcsin\left(x_{ij} \times \eta_2 / \|x_{ij}\|\right) \tag{2-16}$$

定义直线 l_i 的 n 维匹配向量 $\omega_i \in L_1$ 为

$$\omega_i = \left[\omega_{i0} \cdots \omega_{ij} \cdots \omega_{in}\right]^T \tag{2-17}$$

式中，如果 l_i 和 l_j 是正确匹配，ω_{ij} 等于 1，否则为 0；n 代表 L_1 中的线段数。

此外，将双目匹配和帧到帧情况下的线段误差向量 β_{ij} 和目标 b 定义为

$$\beta_{ij} = \begin{bmatrix} \theta_{ij} \\ \theta_{ij}^{\lambda} \\ \rho_{ij} \\ \mu_{ij} \end{bmatrix}, \quad b = \begin{bmatrix} 0 \\ 0 \\ 1 \\ 1 \end{bmatrix} \tag{2-18}$$

式中，λ 为外极约束。

通过连接所有线段误差向量，构建 $4 \times (n+1)$ 的误差矩阵 A_i：

$$A_i = \begin{bmatrix} \beta_{i0} & \cdots & \beta_{ij} & \cdots & \beta_{in} \end{bmatrix} \tag{2-19}$$

如果匹配向量 ω_i 所有分量和是 1，则必须满足线性约束 $A_i \omega_i = b$。制定与 $l_j \in L_2$ 匹配的 $l_i \in L_1$ 作为一个最小化约束：

$$\min_{\omega_i} \lambda \|\omega_i\|_1 \quad \text{s.t.} \|A_i \omega_i - b\|_2 \leqslant \varepsilon \tag{2-20}$$

式中约束对应于上述几何条件，$\varepsilon > 0$ 是约束误差的最大容差。也可以用以下无约束方式求解：

$$\min_{\omega_i} \lambda \|\omega_i\|_1 + \frac{1}{2} \|A_i \omega_i - b\|_2 \tag{2-21}$$

这就有效求解了式（2-21）中每个 $l_i \in L_1$ 的匹配向量 ω_i，归一化后表示线段 l_i 是否有正确匹配（在 ω_i 的最大条目 j 中）。通过只保留误差最小的候选项，来保证线段是唯一对应的。

最后，利用随机抽样一致性（random sample consensus, RANSAC）算法来减少错误匹配。

2.3　视觉惯性融合定位方法

2.3.1　视觉惯性初始化

初始化的目的是计算得到 SLAM 的 5 个初始化参数：尺度、重力矢量、初始速度、加速度计和陀螺仪的偏置。系统初始化时采用松耦合形式，主要包括以下三步：第一步使用 BA 在短时间内初始化，并得到仅视觉的位姿估计；第二步计算关键帧间的 IMU 预积分值与协方差；第三步 IMU 初始化采用最大后验估计的方法对相关参数进行非线性优化。对齐 IMU 通道和视觉通道，可以得到准确的尺度、关键帧的速度、重力矢量，以及 IMU 偏置。

1. IMU 预积分

IMU 的原始测量值为加速度 a 和角速度 ω，利用该加速度和角速度可以从第 k 时刻的速度和角速度积分得到第 $k+1$ 时刻的速度和角速度。IMU 预积分过程如图 2-7 所示。

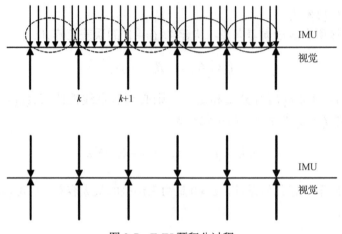

图 2-7　IMU 预积分过程

测量模型如下所示：

$$\begin{cases} \hat{\omega}^b = \omega^b + b_g + n_g \\ \hat{a}^b = q_{wb}\left(a^w + g^w\right) + b_a + n_a \end{cases} \tag{2-22}$$

式中，ω^b、a^w 表示真实值；$\hat{\omega}^b$、$\hat{a}^b$ 表示 IMU 测量值；q_{wb} 表示从世界坐标系到 IMU 坐标系的旋转四元数；g^w 表示世界坐标系下的重力矢量；b_a 和 n_g 分别表示加速度计的偏置和陀螺仪的噪声；下标 a 和 g 分别表示加速度计和陀螺仪；上下标 w 和 b 分别表示世界坐标系和 IMU 坐标系。

位移、速度和姿态（PVQ）对时间的导数可以写成

$$\begin{cases} \dot{p}_{wb_t} = v_t^w \\ \dot{v}_t^w = a_t^w \\ \dot{q}_{wb_t} = q_{wb_t} \otimes \begin{bmatrix} 0 \\ \dfrac{1}{2}\omega^{b_t} \end{bmatrix} \end{cases} \tag{2-23}$$

从第 i 时刻的加速度和角速度值开始对 IMU 测量值加以积分，并由此得出第 j 时刻的速度和角度：

$$\begin{cases} p_{b_j}^w = p_{b_i}^w + v_t^w \Delta t + \iint_{t\in[i,j]} \left(q_{wb_t} a^{b_t} - g^w \right) \delta t^2 \\ v_j^w = v_i^w + \int_{t\in[i,j]} \left(q_{wb_t} a^{b_t} - g^w \right) \delta t \\ q_{wb_j} = \int_{t\in[i,j]} q_{wb_t} \otimes \begin{bmatrix} 0 \\ \frac{1}{2}\omega^{b_t} \end{bmatrix} \delta t \end{cases} \tag{2-24}$$

式中，p 为位置；v 为速度；q 为旋转四元数；a 为加速度；Δt 为两时刻的时间间隔。

由于每次 IMU 测量值更新后，都要重新进行积分，运算量过大。通过预积分可以大大节省计算量，因此通过下面的公式将积分模型转换为预积分模型：

$$q_{wb_t} = q_{wb_i} \otimes q_{b_i b_t} \tag{2-25}$$

也就是，把 q_{wb_i} 从 q_{wb_t} 中分离出来，这样做就将 q_{wb_i} 放到了积分运算之外，积分项由原来相对于世界坐标系的姿态，变成了相对于第 i 时刻的姿态：

$$\begin{cases} p_{wb_j} = p_{wb_i} + v_i^w \Delta t - \frac{1}{2} g^w \Delta t^2 + q_{wb_i} \iint_{t\in[i,j]} \left(q_{b_i b_t} a^{b_t} \right) \delta t^2 \\ v_j^w = v_i^w - g^w \Delta t + q_{wb_i} \int_{t\in[i,j]} \left(q_{b_i b_t} a^{b_t} \right) \delta t \\ q_{wb_j} = q_{wb_i} \int_{t\in[i,j]} q_{b_i b_t} \otimes \begin{bmatrix} 0 \\ \frac{1}{2}\omega^{b_t} \end{bmatrix} \delta t \end{cases} \tag{2-26}$$

预积分值只与 IMU 测量值有关，把第 i 时刻到第 j 时刻的 IMU 数据积分，得到预积分值：

$$\begin{cases} \alpha_{b_i b_j} = \iint_{t\in[i,j]} \left(q_{b_i b_t} a^{b_t} \right) \delta t^2 \\ \beta_{b_i b_j} = \int_{t\in[i,j]} \left(q_{b_i b_t} a^{b_t} \right) \delta t \\ \gamma_{b_i b_j} = \int_{t\in[i,j]} q_{b_i b_t} \otimes \begin{bmatrix} 0 \\ \frac{1}{2}\omega^{b_t} \end{bmatrix} \delta t \end{cases} \tag{2-27}$$

整理 PVQ 的积分公式，得

$$
\begin{bmatrix} p_{wb_j} \\ v_j^w \\ q_{wb_j} \\ b_{a_j} \\ b_{g_j} \end{bmatrix} = \begin{bmatrix} p_{wb_i} + v_i^w \Delta t - \dfrac{1}{2} g^w \Delta t^2 + q_{wb_i} \alpha_{b_i b_j} \\ v_i^w - g^w \Delta t + q_{wb_i} \beta_{b_i b_j} \\ q_{wb_i} \gamma_{b_i b_j} \\ b_{a_i} \\ b_{g_i} \end{bmatrix} \tag{2-28}
$$

式中，b_{a_j} 与 b_{g_j} 分别为第 j 时刻加速度计和陀螺仪的偏置。

IMU 状态误差矩阵具体表示为

$$
\begin{bmatrix} \delta\alpha_{k+1} \\ \delta\beta_{k+1} \\ \delta\gamma_{k+1} \\ \delta b_{a_{k+1}} \\ \delta b_{g_{k+1}} \end{bmatrix} = \begin{bmatrix} I & f_{01} & \delta t & f_{03} & f_{04} \\ 0 & f_{11} & 0 & 0 & -\delta t \\ 0 & f_{21} & I & f_{23} & f_{24} \\ 0 & 0 & 0 & I & 0 \\ 0 & 0 & 0 & 0 & I \end{bmatrix} \begin{bmatrix} \delta\alpha_k \\ \delta\beta_k \\ \delta\gamma_k \\ \delta b_a \\ \delta b_g \end{bmatrix}
$$

$$
+ \begin{bmatrix} v_{00} & v_{01} & v_{02} & v_{03} & 0 & 0 \\ 0 & \dfrac{-I\delta t}{2} & 0 & \dfrac{-I\delta t}{2} & 0 & 0 \\ \dfrac{-R_k \delta t}{2} & v_{21} & \dfrac{-R_{k+1}\delta t}{2} & v_{23} & 0 & 0 \\ 0 & 0 & 0 & 0 & I\delta t & 0 \\ 0 & 0 & 0 & 0 & 0 & I\delta t \end{bmatrix} \begin{bmatrix} n_{a_k} \\ n_{g_k} \\ n_{a_{k+1}} \\ n_{g_{k+1}} \\ n_{b_a} \\ n_{b_g} \end{bmatrix} \tag{2-29}
$$

由状态误差递推方程得到雅可比迭代公式为

$$
\begin{cases} \delta z_{(k+1)^{15\times1}} = F_{15\times15}\, \delta z_{1^{15\times1}} + V_{15\times18}\, Q_{18\times1} \\ J_{(k+1)^{15\times15}} = F J_k \end{cases} \tag{2-30}
$$

此处计算 $J_{(k+1)^{15\times15}}$ 仅为了给 IMU 偏置提供雅可比矩阵。

协方差的迭代公式为

$$
P_{(k+1)^{15\times15}} = F P_k F^{\mathrm{T}} + V Q V^{\mathrm{T}} \tag{2-31}
$$

协方差矩阵的值 $P_0 = 0$。噪声项的相对协方差矩阵可用 Q 矩阵来描述：

$$Q^{18\times18} = \begin{bmatrix} \sigma_{a_k}^2 & 0 & 0 & 0 & 0 & 0 \\ 0 & \sigma_{g_k}^2 & 0 & 0 & 0 & 0 \\ 0 & 0 & \sigma_{a_{k+1}}^2 & 0 & 0 & 0 \\ 0 & 0 & 0 & \sigma_{g_{k+1}}^2 & 0 & 0 \\ 0 & 0 & 0 & 0 & \sigma_{b_a}^2 & 0 \\ 0 & 0 & 0 & 0 & 0 & \sigma_{b_g}^2 \end{bmatrix} \tag{2-32}$$

2. 纯视觉初始化

首先进行纯视觉初始化流程，即进行单目 SLAM。利用 BA 求解相机位姿，即可获得按百分比缩放的地图，包含十个关键帧和上百个地图节点。通过三角测量将前后帧图像中匹配到的特征点和特征线的像素坐标以及相机运动进行计算，就可以得到特征点三维位置，如图 2-8 所示。

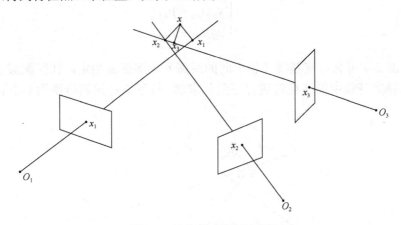

图 2-8 特征点三维空间坐标

设第 i 个相机的投影矩阵为

$$p_i = K_i[R_i, t_i] = \begin{bmatrix} p_{i1} \\ p_{i2} \\ p_{i3} \end{bmatrix} \tag{2-33}$$

式中，K_i 为第 i 个相机的内参；R_i 为第 i 个相机的旋转矩阵；t_i 为第 i 个相机的位移。

X 的空间三维坐标为 $X = [x, y, z, 1]^T$，在第 i 个视角中的图像坐标为 $x_i = [x_i, y_i, 1]^T$，对应的投影方程为

$$x_i \times (p_i X) = 0 \tag{2-34}$$

对式（2-34）进行叉积运算，展开得

$$\begin{bmatrix} x_i p_{i3} - p_{i1} \\ y_i p_{i3} - p_{i2} \end{bmatrix} X = 0 \tag{2-35}$$

1 个观测点提供 2 个约束，x 有 3 个自由度，求解方程（2-35）至少需要 2 对点（从几何意义上解释，2 条射线相交可确定空间中的 1 个三维点），设 $AX = 0$，令

$$A = \begin{bmatrix} x_1 p_{13} - p_{11} \\ y_1 p_{13} - p_{12} \\ \vdots \\ x_i p_{i3} - p_{i1} \\ y_i p_{i3} - p_{i2} \\ \vdots \\ x_N p_{N3} - p_{N1} \\ y_N p_{N3} - p_{N2} \end{bmatrix} \tag{2-36}$$

由图 2-9 可见，宽基线（相机间的距离）求解更加稳定，在匹配成功的点对中选择宽基线中的匹配对进行三角化求解。接下来将问题转换为 PnP 问题的求解。

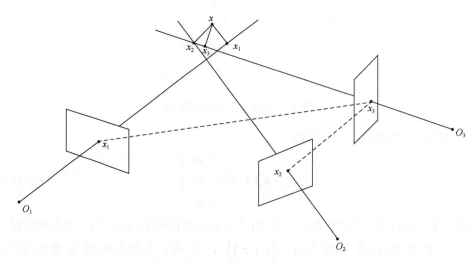

图 2-9　特征点三维空间坐标（宽基线）

通常输入的是物体在世界坐标系下的三维坐标点，以及该三维坐标点在图像平面上投影的二维坐标点，因此得到的是相机（相机坐标系）相比于真实物体位置（世界坐标系）的位姿，如图 2-10 所示。

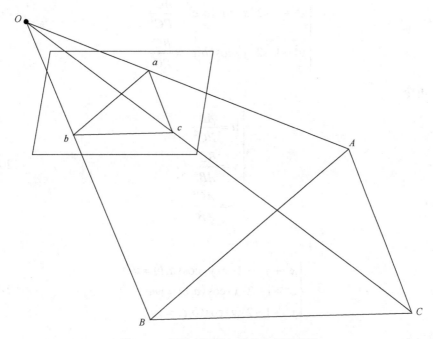

图 2-10　相机坐标系与世界坐标系位姿

P3P 中并没有直接通过 3D-2D 点求出相机位姿矩阵，而是先求出对应像素点在当前相机坐标系下的三维坐标，然后根据世界坐标系下的三维坐标和当前相机坐标系下的三维坐标求解相机位姿。P3P 由余弦定理证明，假设相机坐标系中心位置为点 P，A、B、C 是不共线的三个三维位置点，根据余弦定理有如下关系：

$$\begin{cases} PA^2 + PB^2 - 2 \cdot PA \cdot PB \cdot \cos\langle a,b \rangle = AB^2 \\ PA^2 + PC^2 - 2 \cdot PA \cdot PC \cdot \cos\langle a,c \rangle = AC^2 \\ PB^2 + PC^2 - 2 \cdot PB \cdot PC \cdot \cos\langle b,c \rangle = BC^2 \end{cases} \tag{2-37}$$

接下来对式（2-37）进行消元化简，令

$$y = \frac{PB}{PC}, \quad x = \frac{PA}{PC} \tag{2-38}$$

式（2-37）两侧同时除以 PC^2 可得

$$\begin{cases} x^2 + y^2 - 2 \cdot x \cdot y \cdot \cos\langle a,b \rangle = \dfrac{AB^2}{PC^2} \\ x^2 + 1 - 2 \cdot x \cdot \cos\langle a,c \rangle = \dfrac{AC^2}{PC^2} \\ y^2 + 1 - 2 \cdot y \cdot \cos\langle b,c \rangle = \dfrac{BC^2}{PC^2} \end{cases} \tag{2-39}$$

再令

$$\begin{cases} u = \dfrac{AB^2}{PC^2} \\ v = \dfrac{BC^2}{AB^2} \\ w = \dfrac{AC^2}{AB^2} \end{cases} \tag{2-40}$$

可得

$$\begin{cases} x^2 + y^2 - 2 \cdot x \cdot y \cdot \cos\langle a,b \rangle = u \\ x^2 + 1 - 2 \cdot x \cdot \cos\langle a,c \rangle = wu \\ y^2 + 1 - 2 \cdot y \cdot \cos\langle b,c \rangle = vu \end{cases} \tag{2-41}$$

将式（2-39）和式（2-40）代入式（2-37），可以化简得到：

$$\begin{cases} (1-w)x^2 - w \cdot y^2 - 2 \cdot x \cdot \cos\langle a,c \rangle + 2 \cdot w \cdot x \cdot y \cdot \cos\langle a,b \rangle + 1 = 0 \\ (1-v)y^2 - v \cdot x^2 - 2 \cdot y \cdot \cos\langle b,c \rangle + 2 \cdot v \cdot x \cdot y \cdot \cos\langle a,b \rangle + 1 = 0 \end{cases} \tag{2-42}$$

利用式（2-42）计算 A、B、C 在当前相机坐标系下的位置。首先根据二维坐标系求解余弦值，完成从图像坐标系到归一化图像坐标系的转变，依据就是相机模型：

$$\begin{cases} a_x = \dfrac{a_u - c_x}{f_x} \\ a_y = \dfrac{a_v - c_y}{f_y} \\ a_z = 1 \end{cases} \tag{2-43}$$

归一化得

$$\begin{cases} N_a = \sqrt{a_x^2 + a_y^2 + a_z^2} \\ a_x' = \dfrac{a_x}{N_a}, \quad a_y' = \dfrac{a_y}{N_a}, \quad a_z' = \dfrac{a_z}{N_a} \end{cases} \tag{2-44}$$

求解余弦值可得 $\cos\langle a',b'\rangle$、$\cos\langle b',c'\rangle$、$\cos\langle a',c'\rangle$，根据三维坐标求解 AB 的值：

$$AB = \sqrt{\left(a_x - b_x\right)^2 + \left(a_y - b_y\right)^2 + \left(a_z - b_z\right)^2} \tag{2-45}$$

同理，AC、BC 也可求得，所以 v、w 也同样可以求解。采用零点分解法，将原方程等效成一组特征列，这里的等效方程为

$$\begin{cases} a_4 x^4 + a_3 x^3 + a_2 x^2 + a_1 x^1 + a_0 = 0 \\ b_1 y - b_0 = 0 \end{cases} \tag{2-46}$$

式中，方程式系数 $a_1 \sim a_4$ 均已知，于是可通过 x、y 的值求得 PA、PB、PC 的值：

$$\begin{cases} x^2 + y^2 - 2xy\cos\langle a,b\rangle = \dfrac{AB^2}{PC^2} \\ y = \dfrac{PB}{PC} \\ x = \dfrac{PA}{PC} \end{cases} \tag{2-47}$$

由于需要的是 A、B、C 在相机坐标系下的相应姿态，但不知道 PA、PB、PC 的长，所以还需按照距离求取点的相对位置，求解方法使用矢量公式：

$$A = \vec{a}\|PA\| \tag{2-48}$$

式中，$\vec{a}$ 是单位矢量；$\|PA\|$ 是模值。根据式（2-48）可得 A 在相机坐标系下的位置。得到 A、B、C 的坐标后，就可利用世界坐标系到当前相机坐标系的转换求解相机位姿，但是现在尺度信息并没有得到。

3. 基于最大后验估计的惯性视觉初始化

惯性视觉初始化的主要目的是得到对 IMU 参数的最优估计。使用前述单目视觉 SLAM 初始化后可以稳定运行的数据，其中包括 10 个关键帧地图上和关键帧之间的 IMU 测量数据，包括尺度、重力矢量、IMU 传感器偏置参数（2 个传感器各 3 个轴，共 6 个基本参数），以及关键帧的速度。所有 IMU 测量数据，都放到

一起组成状态向量，以构建优化问题。将视觉残差作为先验残差项来约束 IMU 的噪声。

使用视觉定位获得的轨迹，通过地图估计获得惯性参数的最佳估计。边缘化视觉特征点与路径点，并将其作为先验信息参与优化 IMU 参数。需要的惯性参数为

$$X_k = s, R_{wg}, b, \bar{v}_0 : k \tag{2-49}$$

式中，$s \in R+$，是仅视觉的尺度；$R_{wg} \in SO(3)$，是重力方向，由于两个角度参数化，世界坐标系中的重力表示为 $g = R_{wg}g_I$，$g_I = (0, 0, g_0)^T$ 是重力的大小，其中 g_0 表示一个标准重力加速度；$b = (b_a, b_g) \in \mathbb{R}^6$，是加速度计和陀螺仪的偏置；$\bar{v}_0 : k \in \mathbb{R}^3$，是从第一个关键帧到最后一个关键帧的速度。

为了简化初始化过程，本章使用无尺度的速度 $\bar{v}_i$，而不是真正的速度 $v_i = s\bar{v}_i$。

定义状态量和测量量后，惯性视觉初始化可以转换为最大后验估计（MAP）问题，其中后验分布为

$$p(X_k \mid I_{0:k}) \propto p(I_{0:k} \mid X_k) p(X_k) \tag{2-50}$$

式中，$p(I_{0:k} \mid X_k)$ 是给定 IMU 状态的测量似然分布；$p(X_k)$ 是 IMU 状态的先验分布。

考虑到测量的独立性，其似然分布可分解为

$$p(I_{0:k} \mid X_k) = \prod_{i=1}^{k} p(I_{i-1,i} \mid s, g_{dir}, b, v_{i-1}, v_i) \tag{2-51}$$

式中，g_{dir} 是相机坐标系下的重力加速度。

为了获得 MAP，本书需要找到使后验分布最大化的参数，即等效于最小化其负对数，因此：

$$\begin{aligned} X_k^* &= \arg\max_{X_k} p(X_k \mid I_{0:k}) \\ &= \arg\min_{X_k} \left(-\ln(p(X_k)) - \sum_{i=1}^{k} \ln(p(I_{i-1,i} \mid s, g_{dir}, b, v_{i-1}, v_i)) \right) \end{aligned} \tag{2-52}$$

假设 IMU 预积分服从高斯分布，则 MAP 问题等价于：

$$X_k^* = \arg\min_{X_k} \left(\|r_p\|_{\sum p}^2 + \sum_{i=1}^{k} \|r_{I_{i-1,i}}\|_{\sum I_{i-1,i}}^2 \right) \tag{2-53}$$

式中，r_p 和 $r_{I_{i-1,i}}$ 分别是连续关键帧之间的先验估计和 IMU 测量的残差；$\sum p$ 和 $\sum I_{i-1,i}$ 分别是各自的协方差。

这种转化关系，使得公式中仅存在惯性残差，并不存在视觉重投影误差。由于 IMU 测量不会出现数据关联误差，本书将惯性残差定义为

$$
\begin{cases}
r_{I_{i,j}} = \left[r_{\Delta R_{ij}}, r_{\Delta v_{ij}}, r_{\Delta p_{ij}} \right] \\
\Delta R_{ij} = \ln \left(\Delta R_{ij} \left(b_g \right)^{\mathrm{T}} R_i^{\mathrm{T}} R_j \right) \\
r_{\Delta v_{ij}} = R_i^{\mathrm{T}} \left(s v_j - s v_i - R_{wg} g_I \Delta t_{ij} \right) - \Delta v_{ij} \left(b_g, b_a \right) \\
r_{\Delta p_{ij}} = R_i^{\mathrm{T}} \left(s p_j - s p_i - s v_i \Delta t_{ij} - 1/2 * R_{wg} g_I \Delta t_{ij}^2 \right) - \Delta p_{ij} \left(b_g, b_a \right)
\end{cases}
\tag{2-54}
$$

式中，$\Delta R_{ij} \left(b_g \right)$、$\Delta v_{ij} \left(b_g, b_a \right)$ 和 $\Delta p_{ij} \left(b_g, b_a \right)$ 表示从第 i 个关键帧到第 j 个关键帧的 IMU 预积分值，它们仅取决于偏差，同时进行线性更新，避免在每次迭代时重新计算；Δt_{ij} 表示两个关键帧之间的时间；$\ln(\cdot)$ 表示从李群 $SO(3)$ 到其李代数 $so(3)$ 的对数映射。

因为在初始化窗口中误差被看成是恒定的，所以 IMU 残差并不包括偏差的随机游走。在进行优化时，需要定义一个变量，以便在优化过程中更新重力矢量估计：

$$
R_{wg}^{\text{new}} = R_{wg}^{\text{old}} \exp \left(\delta \alpha_g, \delta \beta_g, 0 \right)
\tag{2-55}
$$

式中，$\exp(\cdot)$ 为从 $so(3)$ 到 $SO(3)$ 的指数映射。为了保证在优化过程中比例因子保持为正，本书将其更新定义为

$$
s^{\text{new}} = s^{\text{old}} \exp(\delta s)
\tag{2-56}
$$

偏置和速度会另外进行更新。定义 $\delta g_{\text{dir}} = \left(\delta \alpha_g, \delta \beta_g \right)$，优化过程中使用的惯性参数更新为 $\left(\delta s, \delta g_{\text{dir}}, \delta b_g, \delta b_a, \{ \delta \bar{v}_i \} \right)$。

最终优化问题的因子图如图 2-11 所示，其中 T_n 是仅视觉求解的相机位姿；小圆点是重投影误差；大圆点是新加入的信息量，即 IMU 的运动约束，也就是惯性残差；三角形是传感器不确定性参数。每一个大圆点，都和相邻前后帧的速度、位姿相连接，即这些状态变量都参与了惯性残差方程的构建。

求解最终的参数需要通过使用 g2o 库、解析导数和列文伯格-马夸尔特（Levenberg-Marquardt，LM）算法来实现。本书采用的方法：将 b_a 作为要优化的参数，其添加了先验残差 $r_p = \| b_a \| 2 \sum p$（其中 p 表示先验估计）。如果相机的运动不包含足够的信息来估计偏差，则先验将保持接近于零。如果运动使 b_a 可观察，则其估计值将向其真实值收敛。

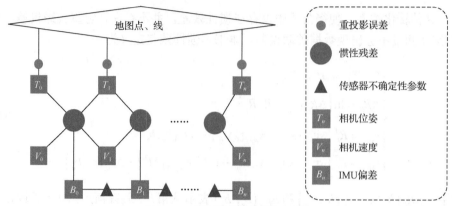

图 2-11　最终优化问题的因子图

要解决一个非线性优化问题，需要对惯性参数进行初始赋值，因此首先初始化参数为零的偏差。重力方向是沿着加速度计测量值的平均值初始化，这是因为加速度通常比重力小得多，需要将比例因子初始化为足够接近其真实值以保证收敛。但如果没有任何初始估计，可以使用三个初始比例值优化，这三个初始比例值对应于 1m、4m 和 16m 的中值场景深度，这样能在各种场景中收敛。当优化过程结束时，再利用已经找到的比例值校正姿态、速度和三维地图，并将 z 轴和估计的重力矢量对齐后，利用最新的偏移重新进行 IMU 预积分，以降低线性化后的误差。

2.3.2　基于滑动窗口的后端优化

1. IMU 测量残差

根据 IMU 测量模型可以写出 IMU 测量残差：

$$
r_b\left(\hat{z}_{b_{k+1}}^{b_k}, x\right) = \begin{bmatrix} r_p \\ r_\theta \\ r_v \\ r_{b_a} \\ r_{b_g} \end{bmatrix}
$$

$$
= \begin{bmatrix} R_w^{b_k}\left(p_{b_{k+1}}^w - p_{b_k}^w - v_k^w \Delta t + \dfrac{1}{2} g^w \Delta t^2\right) - \hat{\alpha}_{b_k}^{b_{k+1}} \\ 2\left[\hat{q}_{b_k}^{b_{k+1}} \otimes \left(q_w^{b_k} \otimes q_{b_{k+1}}^w\right)\right]_{xyz} \\ R_w^{b_k}\left(v_{k+1}^w - v_k^w + g^w \Delta t\right) - \hat{\beta}_{b_k}^{b_{k+1}} \\ b_a^{b_{k+1}} - b_a^{b_k} \\ b_g^{b_{k+1}} - b_g^{b_k} \end{bmatrix}_{15 \times 1}
\tag{2-57}
$$

式中，r_p 表示位置误差；r_θ 表示姿态误差；r_v 表示速度误差；r_{b_a} 表示加速度计误差；r_{b_g} 表示陀螺仪误差；$R_w^{b_k}$ 表示第 k 时刻世界坐标系到 IMU 坐标系的姿态变换阵；$p_{b_{k+1}}^w$ 表示第 $k+1$ 时刻 IMU 坐标系到世界坐标系的位移；$p_{b_k}^w$ 表示第 k 时刻 IMU 坐标系到世界坐标系的位移；v_k^w 表示第 k 时刻世界坐标系下的速度；g^w 表示第 k 时刻世界坐标系下的重力；$q_w^{b_k}$ 表示第 k 时刻世界坐标系到 IMU 坐标系的姿态四元数；v_{k+1}^w 表示第 k 时刻世界坐标系下的速度；$\hat{\beta}_{b_k}^{b_{k+1}}$ 为第 k 时刻到第 $k+1$ 时刻的 IMU 预积分；$b_a^{b_k}$ 表示第 k 时刻 IMU 坐标系下的加速度计误差；$b_g^{b_k}$ 表示第 k 时刻 IMU 坐标系下的陀螺仪误差。

IMU 测量残差相对于状态变量 x_k 和 x_{k+1} 的雅可比矩阵可通过以下公式计算：

$$J_b = \begin{bmatrix} \dfrac{\partial r_b}{\partial \delta x_k} & \dfrac{\partial r_b}{\partial \delta x_{k+1}} \end{bmatrix} \tag{2-58}$$

$$\begin{cases} \dfrac{\partial r_b}{\partial \delta x_k} = \begin{bmatrix} -R_w^{b_k} & \left[R_w^{b_k} \left(p_{b_{k+1}}^w - p_{b_k}^w - v_k^w \Delta t + \dfrac{1}{2} g^w \Delta t^2 \right) \right]_\times & -R_w^{b_k} \Delta t & -J_{b_a^i}^\alpha & -J_{b_k^2}^\alpha \\ 0 & \left[-\left[q_{b_{k+1}}^{w_k} - 1 \otimes q_{b_k}^w \right]_L \left[q_{b_{k+1}}^{b_k} \right]_L \right]_{3\times3} & 0 & 0 & J_{b_k^i}^v \\ 0 & \left[R_w^{b_k} \left(v_{k+1}^w - v_k^w + g^w \Delta t \right) \right]_\times & -R_w^{b_k} & -J_{b_a^i}^\beta & -J_{b_k^2}^\beta \\ 0 & 0 & 0 & -I & 0 \\ 0 & 0 & 0 & 0 & -I \end{bmatrix} \\[4ex] \dfrac{\partial r_b}{\partial \delta x_{k+1}} = \begin{bmatrix} -R_w^{b_k} & 0 & 0 & 0 & 0 \\ 0 & \left[-\left[q_{b_{k+1}}^{b_k-1} \otimes q_{b_k}^{w-1} \otimes q_{b_k}^w \right]_L \right]_{3\times3} & 0 & 0 & 0 \\ 0 & 0 & -R_w^{b_k} & 0 & 0 \\ 0 & 0 & 0 & -I & 0 \\ 0 & 0 & 0 & 0 & -I \end{bmatrix} \end{cases} \tag{2-59}$$

式中，L 表示四元数到姿态矩阵的转换。

计算雅可比矩阵可得

$$J_{b_g^i}^{r_\theta} = \frac{\partial r_\theta}{\partial \delta b_g^{b_k}} = [-[q_{b_{k+1}}^w \otimes q_{b_k}^w \otimes q_{b_{k+1}}^{b_k}]_L]_{3\times3} J_{b_g^k}^q \tag{2-60}$$

2. 点特征重投影误差

点特征主要有两种参数化方法，一种为世界坐标（x, y, z），另一种为图像坐标与深度值（u, v, d）。世界坐标方法中，x、y、z 三个变量彼此之间具有相关性，使得协方差矩阵较为稠密，导致问题复杂化。使用（u, v, d）方法进行参数化，三个变量彼此之间近似独立，使得协方差矩阵为对角阵，方便后续处理。假定 u、v 固定，d 的倒数（逆深度）具有良好的数值稳定性并对远距离点有较好的描述效果，因此本章使用逆深度构建点特征观测模型。

在相机坐标系下进行归一化后，点特征的重投影误差为在此坐标系下预测值与观测值的差值，相机坐标系归一化公式如下：

$$\begin{bmatrix} x^c \\ y^c \\ z^c \end{bmatrix} = \frac{1}{\lambda} \begin{bmatrix} u_f^c \\ v_f^c \\ 1 \end{bmatrix} \tag{2-61}$$

式中，$\lambda = 1/Z$ 为逆深度；f 为观测到的点特征；u、v 为像素坐标系下的数值。

图 2-12 为点特征坐标系变换示意图，可以得到 $f_k^{c_j}$ 与 $f_k^{c_i}$ 之间的关系，整理可得式（2-62）：

$$f_k^{c_j} = \begin{bmatrix} x^{c_j} \\ y^{c_j} \\ z^{c_j} \\ 1 \end{bmatrix} = T_{bc}^{-1} T_{wb_j}^{-1} T_{wb_i} T_{bc} \frac{1}{l} \begin{bmatrix} u_{f_k}^{c_i} \\ v_{f_k}^{c_i} \\ 1 \\ 1 \end{bmatrix} \tag{2-62}$$

式中，T_{bc} 为 IMU 与相机之间外参；T_{wb_i}、$T_{wb_j}^{-1}$ 为不同时刻 IMU 与世界坐标对齐参数。

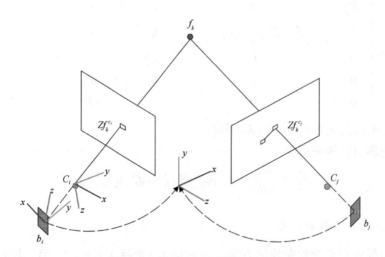

图 2-12　点特征坐标系变换示意图

在得到 $f_k^{c_j}$ 与 $f_k^{c_i}$ 之间的关系后，重投影误差定义为

$$r_f\left(z_{f_k}^{c_i},c\right)=\begin{bmatrix}\dfrac{x^{c_j}}{z^{c_j}}-u_{f_k}^{c_j}\\[2ex]\dfrac{y^{c_j}}{z^{c_j}}-v_{f_k}^{c_j}\end{bmatrix}\qquad(2\text{-}63)$$

为了最小化点的重投影误差，需要优化在 b_i、b_j 下的相机位姿及特征的逆深度，通过链式法则可以得到对应的雅可比矩阵，计算公式如下：

$$J_f=\frac{\partial r_f}{\partial f^{c_j}}\begin{bmatrix}\dfrac{\partial f^{c_j}}{\partial x_i}&\dfrac{\partial f^{c_j}}{\partial x_j}&\dfrac{\partial f^{c_j}}{\partial\delta\lambda}\end{bmatrix}\qquad(2\text{-}64)$$

$$\begin{cases}\dfrac{\partial r_f}{\partial f^{c_j}}=\begin{bmatrix}\dfrac{1}{z^{c_j}}&0&-\dfrac{x^{c_j}}{\left(z^{c_j}\right)^2}\\[2ex]0&\dfrac{1}{z^{c_j}}&-\dfrac{y^{c_j}}{\left(z^{c_j}\right)^2}\end{bmatrix}\\[4ex]\dfrac{\partial f^{c_j}}{\partial x_i}=\begin{bmatrix}R_{bc}^{\mathrm{T}}R_{wb_j}^{\mathrm{T}}&-R_{bc}^{\mathrm{T}}R_{wb_j}^{\mathrm{T}}R_{wb_i}^{\mathrm{T}}\left[f^{b_i}\right]_\times&0&0&0\end{bmatrix}_{3\times15}\\[3ex]\dfrac{\partial f^{c_j}}{\partial x_j}=\begin{bmatrix}-R_{bc}^{\mathrm{T}}R_{wb_j}^{\mathrm{T}}&R_{bc}^{\mathrm{T}}\left[f^{b_j}\right]_\times&0&0&0\end{bmatrix}_{3\times15}\\[3ex]\dfrac{\partial f^{c_j}}{\partial\delta\lambda}=-\dfrac{1}{\lambda}R_{bc}^{\mathrm{T}}R_{wb_j}^{\mathrm{T}}R_{wb_i}^{\mathrm{T}}R_{bc}f_{c_i}\end{cases}\qquad(2\text{-}65)$$

3. 线特征重投影误差

线重投影误差是根据点到线的距离建模，定义线几何变换：给定从 π_w 到 π_c 的变换矩阵 $T_{cw}=\left[R_{cw},t_{cw}\right]$，其中 $R_{cw}\in SO(3)$ 和 $t_{cw}\in\mathbb{R}^3$ 分别定义旋转和平移。利用矩阵，本书可以通过以下方式将 π_w 中的 $\mathcal{L}_w$ 转换为 π_c，其坐标变换公式为

$$\begin{cases}\mathcal{L}_c=\begin{bmatrix}n_c\\d_c\end{bmatrix}=\mathcal{T}_{cw}\mathcal{L}_w=\begin{bmatrix}R_{cw}&\left[t_{cw}\right]_\times R_{cw}\\0&R_{cw}\end{bmatrix}\mathcal{L}_w\\[3ex]\mathcal{L}_{cw}^{-1}=\begin{bmatrix}R_{cw}^{\mathrm{T}}&\left[-R_{cw}^{\mathrm{T}}t_{cw}\right]_\times R_{cw}\\0&R_{cw}^{\mathrm{T}}\end{bmatrix}=\begin{bmatrix}R_{cw}^{\mathrm{T}}&-R_{cw}^{\mathrm{T}}\left[t_{cw}\right]_\times\\0&R_{cw}^{\mathrm{T}}\end{bmatrix}\end{cases}\qquad(2\text{-}66)$$

式中，$\mathcal{L}_c$ 为 π_c 中 $\mathcal{L}_w$ 的坐标。

投影直线方程为

$$
I\begin{bmatrix} l_1 \\ l_2 \\ l_3 \end{bmatrix} = Kn_c = \begin{bmatrix} f_y & 0 & 0 \\ 0 & f_x & 0 \\ f_y c_x & -f_x c_y & f_x f_y \end{bmatrix} n_c \qquad (2\text{-}67)
$$

式中，K 是直线的投影矩阵；f_i 和 $c_i(i=x,y)$ 分别是相机的焦距和光心；n_c 是垂直于由原点和直线决定的平面的矩向量。线重投影误差为

$$
r_L\left(z^{c_i}_{\mathcal{L}_j}, x\right) = d(m,l) = \left[\frac{x_s'^{\mathrm{T}} I}{\sqrt{l_1^2 + l_2^2}}, \frac{x_e'^{\mathrm{T}} I}{\sqrt{l_1^2 + l_2^2}}\right] \qquad (2\text{-}68)
$$

式中，$d(m,l)$ 是点到线的距离函数；m 是线要素中点的齐次坐标；I 是空间线特征投影到归一化平面的直线。

4. 滑动窗口

随着微型旋翼无人机不断向陌生环境中飞行，会有新的无人机位姿和环境特征加入，最小二乘误差项就会越来越多，数据冗余越来越大，占用过多计算资源。为保证优化变量的个数在一定范围内，必须通过滑动窗口动态添加或删除优化变量。

滑动窗口算法流程如下。

步骤 1：增加新的变量进入最小二乘系统优化。

步骤 2：如果变量数目达到了一定的维度，则移除旧变量。

步骤 3：系统持续循环前两步。

因为直接丢弃变量和对应的测量值，会损失前后帧的定位信息，所以本书使用边际概率，将丢弃变量所携带的信息传递给剩余变量。

有以下最小二乘系统：

$$
\begin{cases} s^{\mathrm{new}} = s^{\mathrm{old}} \exp(\delta s) \\[2mm] \xi = \begin{bmatrix} \xi_1 \\ \xi_2 \\ \vdots \\ \xi_6 \end{bmatrix}, \quad r = \begin{bmatrix} r_{12} \\ r_{13} \\ r_{14} \\ r_{15} \\ r_{56} \end{bmatrix} \end{cases} \qquad (2\text{-}69)
$$

式（2-69）对应的图模型如图 2-13 所示，其中 $\xi_i(i=1,2,\cdots,6)$ 表示顶点，为需要优化估计的变量，边线表示顶点之间构建的残差。

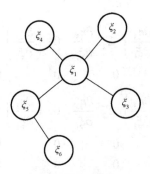

图 2-13　图模型

式（2-69）对应的高斯牛顿法求解为

$$\underbrace{J^{\mathrm{T}}\Sigma^{-1}J}_{H\text{ or }\Lambda}\delta\xi=\underbrace{-J^{\mathrm{T}}\Sigma^{-1}r}_{b} \tag{2-70}$$

式中，$\Lambda=\Sigma_{\mathrm{new}}^{-1}\neq\Sigma^{-1}$ 反映的是方程解；Σ^{-1} 是残差；雅可比矩阵 J 为

$$J=\frac{\partial r}{\partial\xi}=\begin{bmatrix}\dfrac{\partial r_{12}}{\partial\xi}\\[2mm]\dfrac{\partial r_{13}}{\partial\xi}\\[2mm]\dfrac{\partial r_{14}}{\partial\xi}\\[2mm]\dfrac{\partial r_{15}}{\partial\xi}\\[2mm]\dfrac{\partial r_{16}}{\partial\xi}\end{bmatrix}=\begin{bmatrix}J_1\\J_2\\J_3\\J_4\\J_5\end{bmatrix},\quad J^{\mathrm{T}}=\begin{bmatrix}J_1^{\mathrm{T}}&J_2^{\mathrm{T}}&J_3^{\mathrm{T}}&J_4^{\mathrm{T}}&J_5^{\mathrm{T}}\end{bmatrix} \tag{2-71}$$

矩阵乘法式（2-70）与式（2-71）可以写成连加形式：

$$\sum_{i=1}^{5}J_i^{\mathrm{T}}\Sigma_i^{-1}J_i\delta\xi=-\sum_{i=1}^{5}J_i^{\mathrm{T}}\Sigma_i^{-1}r_i \tag{2-72}$$

因为残差只与求解得到的相关状态变量有关，所以无关项的雅可比为 0，即

$$
\begin{cases}
J_2 = \dfrac{\partial r_{13}}{\partial \xi} = \begin{bmatrix} \dfrac{\partial r_{13}}{\partial \xi_1} & 0 & \dfrac{\partial r_{13}}{\partial \xi_3} & 0 & 0 & 0 \end{bmatrix} \\[2em]
\Lambda_2 = J_2^{\mathrm{T}} \Sigma_2^{-1} J = \begin{bmatrix}
\left(\dfrac{\partial r_{13}}{\partial \xi_1}\right)^{\mathrm{T}} \Sigma_2^{-1} \dfrac{\partial r_{13}}{\partial \xi_1} & 0 & \left(\dfrac{\partial r_{13}}{\partial \xi_1}\right)^{\mathrm{T}} \Sigma_2^{-1} \dfrac{\partial r_{13}}{\partial \xi_3} & 0 & 0 & 0 \\
0 & 0 & 0 & 0 & 0 & 0 \\
\left(\dfrac{\partial r_{13}}{\partial \xi_3}\right)^{\mathrm{T}} \Sigma_2^{-1} \dfrac{\partial r_{13}}{\partial \xi_1} & 0 & \left(\dfrac{\partial r_{13}}{\partial \xi_3}\right)^{\mathrm{T}} \Sigma_2^{-1} \dfrac{\partial r_{13}}{\partial \xi_3} & 0 & 0 & 0 \\
0 & 0 & 0 & 0 & 0 & 0 \\
0 & 0 & 0 & 0 & 0 & 0 \\
0 & 0 & 0 & 0 & 0 & 0
\end{bmatrix}
\end{cases}
\tag{2-73}
$$

把五个残差的信息矩阵相加，可以得出样例中最终的信息矩阵为 Λ，信息矩阵可视化结果如图 2-14 所示。

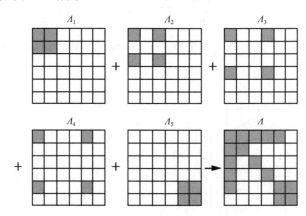

图 2-14　信息矩阵可视化结果

本书采用滑动窗口中的第一估计雅可比（first estimated Jacobians，FEJ）算法。如图 2-15 所示，在第 i 时刻，系统中的状态量为 ξ_i，$i \in [1,6]$；第 k' 时刻，加入了新的状态量 ξ_7。

图 2-15 中，实线部分为变量以及测量约束，虚线部分为和变量有关的保留变量，点划线部分为和变量无关联的变量。

当第 k 时刻最小二乘优化完成后，最小二乘化的变量记为 ξ_1，被最小二乘化的状态量记为 x_m，剩余的变量记为 ξ_i，$i \in [2,5]$，保留变量记为 x_r。最小二乘化后，x_m 所有的变量以及对应的测量量将被丢弃。同时，这部分信息通过最小二乘化操作传递给了保留变量 x_r，最小二乘变量的信息跟 ξ_6 不相关。

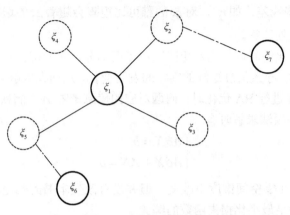

图 2-15　系统中状态量

第 k' 时刻，加入新的状态量 ξ_7（记作 x_n）以及对应的测量量，开始新一轮最小二乘优化。最小二乘化前，变量 x_m 以及对应测量量 S_m 构建的最小二乘信息矩阵为

$$
\begin{cases}
b_m(k) = \begin{bmatrix} b_{mm}(k) \\ b_{mr}(k) \end{bmatrix} = -\sum_{(i,j)\in S_m} J_{ij}^{\mathrm{T}}(k) \Sigma_{ij}^{-1} r_{ij} \\
\Lambda_m(k) = \begin{bmatrix} \Lambda_{mm}(k) & \Lambda_{mr}(k) \\ \Lambda_{rm}(k) & \Lambda_{rr}(k) \end{bmatrix} = \sum_{(i,j)\in S_m} J_{ij}^{\mathrm{T}}(k) \Sigma_{ij}^{-1} J_{ij}(k)
\end{cases}
\tag{2-74}
$$

最小二乘化后，变量 x_m 的测量信息传递给了变量 x_r，即

$$
\begin{cases}
b_p(k) = b_{mr}(k) - \Lambda_{rm}(k) \Lambda_{mm}^{-1}(k) b_{mm}(k) \\
\Lambda_p(k) = \Lambda_{rr}(k) - \Lambda_{rm}(k) \Lambda_{mm}^{-1}(k) \Lambda_{mr}(k)
\end{cases}
\tag{2-75}
$$

本书可以从 $b_p(k)$、$\Lambda_p(k)$ 中反解出一个残差 $r_p(k)$ 和对应的雅可比矩阵 $J_p(k)$。必须注意的是，由于变量 $x_r(k)$ 的后续不断优化变化，残差 $r_p(k)$、$b_p(k)$ 也将跟着变化，但雅可比矩阵 $J_p(k)$ 仍将保持稳定不变。

在第 k' 时刻，新残差 r_{27} 和先验信息 $b_p(k)$、$\Lambda_p(k)$ 以及残差 r_{56} 转化为最小二乘问题，$J_p(k)$ 和 $r_p(k)$ 分别为先验部分对应的雅可比矩阵和残差：

$$
\begin{cases}
b(k') = \Pi^{\mathrm{T}} J_p(k) r_p(k') - \sum_{(i,j)\in S_a(k')} J_{ij}^{\mathrm{T}}(k') \Sigma_{ij}^{-1} r_{ij}(k') \\
\Lambda(k') = \Pi^{\mathrm{T}} \Lambda_p(k) \Pi + \sum_{(i,j)\in S_a(k')} J_{ij}^{\mathrm{T}}(k') \Sigma_{ij}^{-1} J_{ij}(k')
\end{cases}
\tag{2-76}
$$

式中，$\Pi = \begin{bmatrix} I_{\dim x_r} & 0 \end{bmatrix}$，用来将矩阵的维度进行扩张；$S_a(k')$ 表示除被最小二乘化后的测量量外的其他测量量，如 r_{56}、r_{27}。x_r 中的部分变量还和其他残差有联系，

如 ξ_2、ξ_5。这些残差，如 r_{27}，对 ξ_2 的雅可比矩阵会随着 ξ_2 的迭代更新而不断在最新的线性化点处计算。

滑动窗口优化的时候，信息矩阵变成了两部分，这两部分计算雅可比矩阵时的线性化点不同，导致信息矩阵的零空间发生变化，从而在求解时引入错误信息。求解单目 SLAM 进行 BA 优化时，问题对应的信息矩阵 Λ 不满秩，对应的零空间为 N，用高斯牛顿法求解时有

$$\begin{cases} \Lambda\delta X = b \\ \Lambda\delta X + \Lambda N = b \end{cases} \tag{2-77}$$

式中，增量 δX 在零空间维度下改变，但并没有改变本书的残差，这意味着系统中可能有多个满足最小化损失函数的解 X。

对于测量系统：

$$z = h(\theta) + \varepsilon \tag{2-78}$$

式中，$z \in \mathbb{R}^n$ 为测量值；$\theta \in \mathbb{R}^d$ 为系统状态量；ε 为测量噪声向量；$h(\cdot)$ 为非线性函数，将状态量映射成测量。如果以下条件成立，则系统状态量 θ 可观：

$$\forall \theta, \forall \theta' \in \mathbb{R}^d, \quad \{\theta \neq \theta'\} \Rightarrow \{h(\theta) \neq h(\theta')\} \tag{2-79}$$

不同残差值对同一个状态求雅可比时，线性化点必须相同，这样就能避免零空间退化，使不可观变量变得可观。

5. 非线性优化

由于视觉惯性里程计只能对局部的相机状态进行估计，获得局部的地图，并在此过程中会存在累积误差，使得相机轨迹和地图的精度随着时间增加而降低。后端优化法主要解决，如何在处理过程中根据带有噪声的数据对整个系统的状况做出估计。定义后端优化变量如下：

$$\begin{cases} \chi = \left[x_0, x_1, \cdots, x_n, x_c^b, \lambda_0, \lambda_1, \cdots, \lambda_m, \mathcal{O}_0, \mathcal{O}_1, \cdots, \mathcal{O}_o \right] \\ x_k = \left[p_{b_k}^w, v_{b_k}^w, q_{b_k}^w, b_a, b_g \right], \quad k \in [0, n] \\ x_c^b = \left[p_c^b, q_c^b \right] \end{cases} \tag{2-80}$$

式中，x_k 表示第 k 帧图像对应的 IMU 状态变量，包含 IMU 在世界坐标系下的位置、速度和姿态信息，以及 IMU 在其本体坐标系下的加速度计偏置与陀螺仪偏置；下标 n、m 和 o 分别对应机体状态、点特征和线特征的起始编号，n 表示滑动窗口关键帧的数量，m 和 o 分别表示滑动窗口内关键帧观测到的点特征和线特征的个数；λ 表示特征点的逆深度；$\mathcal{O}$ 表示线特征在世界坐标系下的正交表示；x_c^b 表示外参。

为得到上述状态变量的最优估计，本书使用如下视觉惯性紧耦合模型的最大后验估计：

$$\min_{\chi}\left\{\left\|r_p - H_p\chi\right\|^2 + \sum_{k\in B}\left\|r_B\left(\hat{z}_{b_{k+1}}^{b_k},\chi\right)\right\|_{\Sigma_B}^2 + \sum_{(f,j)\in C}\left\|r_C\left(\hat{z}_f^{c_j},\chi\right)\right\|_{\Sigma_C}^2 + \sum_{(l,j)\in C}\left\|r_L\left(\hat{z}_l^{c_j},\chi\right)\right\|_{\Sigma_C}^2\right\}$$

$$(2\text{-}81)$$

式中，$r_B\left(\hat{z}_{b_{k+1}}^{b_k},\chi\right)$ 是相机状态向量 x_k 与 x_{k+1} 之间的 IMU 测量残差；B 是滑动窗口内 IMU 测量值的预积分集合；$r_C\left(\hat{z}_f^{c_j},\chi\right)$ 和 $r_L\left(\hat{z}_l^{c_j},\chi\right)$ 分别是点特征和线特征的重投影误差；C 和 L 分别是在图像中观察到的点特征和线特征的集合；$\left\|r_p - H_p\chi\right\|^2$ 是在滑动窗口中边缘化一帧后计算出的先验残差；H_p 是先前优化后所得 Hessian 矩阵中的先验雅可比矩阵。

本书使用 LM 算法进行迭代求解非线性优化问题，通过初始值 χ_0 迭代更新找到最优状态 χ：

$$\chi_{k+1} = \chi_k \oplus \delta\chi \qquad (2\text{-}82)$$

式中，$\oplus$ 是用于以增量 $\delta\chi$ 更新参数的运算符。对于位置、速度、偏差和逆深度，定义参数更新运算符和增量 δ 如下：

$$P' = P + \delta P, \quad V' = V + \delta V, \quad \lambda' = \lambda + \delta\lambda, \quad b' = b + \delta b \qquad (2\text{-}83)$$

四元数中使用四个参数来表示三维空间的三自由度旋转，不利于优化求解。本书使用切线空间的扰动 $\delta\theta \in \mathbb{R}^3$ 作为旋转增量，因此旋转变量 q 可以通过四元数乘法更新：

$$q' = q \otimes \delta q, \quad \delta q \approx \begin{bmatrix} 1 \\ \dfrac{1}{2}\delta\theta \end{bmatrix} \qquad (2\text{-}84)$$

其旋转矩阵的形式为

$$R' \approx R(I + [\delta\theta]_\times) \qquad (2\text{-}85)$$

式中，I 为 3×3 的单位矩阵。

空间直线正交表示的增量为 $\delta\mathcal{O}\left[[\delta\Psi]_\times, \delta\phi\right]^{\mathrm{T}}$。最后，优化过程中的增量 $\delta\chi$ 可定义为

$$\begin{cases} \delta\chi = \left[\delta x_0, \delta x_1, \cdots, \delta x_n, \delta\lambda_0, \cdots, \delta\lambda_m, \delta\mathcal{O}_0, \delta\mathcal{O}_1, \cdots, \delta\mathcal{O}_o\right] \\ \delta x_k = \left[\delta p_{b_k}^w, \delta q_{b_k}^w, \delta v_k^w, \delta b_\mathrm{a}, \delta b_\mathrm{g}\right]^{\mathrm{T}}, \quad k\in[1,n] \end{cases} \qquad (2\text{-}86)$$

式中，δx_k 包含第 k 个 IMU 的位置 $p_{b_k}^w$、方位 $q_{b_k}^w$、速度 $v_{b_k}^w$、加速度偏置 b_a、陀螺仪偏置 b_g 的增量；n、m 和 o 分别是滑动窗口中关键帧、空间点和空间线的总数；$\lambda_i (i \in [0,m])$ 是点特征与其第一个观察到的关键帧的逆距离；b_k 是第 k 时刻 IMU 坐标系。

本书添加了线重投影误差项，设 $\mathcal{L}$ 是在滑动窗口中观察到的线特征集合，表示第 j 条空间线 $\mathcal{L}_j$ 被第 i 个关键帧 c_i 在滑动窗口中观察到。基于线特征的残差 e_{line} 可以定义为

$$\begin{cases} e_{line} = \sum_{(i,j) \in \mathcal{L}} \left(\rho(s) r_{\mathcal{L}} \left(z_{\mathcal{L}_j}^{c_i}, \mathcal{X} \right)^2_{\sum_{c_i}^{c_i}} \right) \\ \rho(s) = \begin{cases} s, & s \leqslant 1 \\ 2\sqrt{s} - 1, & s > 1 \end{cases} \end{cases} \tag{2-87}$$

式中，$\rho(s)$ 表示 Huber 范数，用于抑制异常值；$r_{\mathcal{L}}\left(z_{\mathcal{L}_j}^{c_i}, \mathcal{X} \right)$ 表示线特征重投影误差。利用目标函数，可以通过从初始值 X_0 迭代更新 $X : X_t + 1 = X_t \oplus \delta X$ 来找到最优状态向量，其中 t 表示第 t 次迭代，δ 表示增量，$(i,j) \in \mathcal{L}$。

正交表示更新如下：

$$\begin{cases} U' \approx U \left(I + [\delta \Psi]_{\times} \right) \\ W \approx W \left(I + \begin{bmatrix} 0 & -\delta\phi \\ \delta\phi & 0 \end{bmatrix} \right) \end{cases} \tag{2-88}$$

增量 $\delta \mathcal{X}$ 通过式（2-89）求解：

$$\left(H_p + H_b + H_f + H_l \right) \delta \mathcal{X} = \left(b_p + b_b + b_f + b_l \right) \tag{2-89}$$

式中，H_p、H_b、H_f 和 H_l 分别代表先验残差、IMU 测量残差、点重投影误差和线重投影误差的 Hessian 矩阵。

2.3.3 回环检测

回环检测主要处理位姿估计漂移的问题。由于前端只能得到局部位姿之间的约束，且后端由于数据量过大的问题仅对相邻关键帧之中的特征点作为约束，因此需要在前端、后端的基础上，构建回环检测模块，无人机可判断自身是否经过同一位置，以此来保证全局一致性。多数视觉 SLAM 系统采用词袋模型（BoW）和字典的方法来构建回环检测模型。词袋的目的是收集图像上的多种特征，通过特征来重新描述一幅图像。字典则对应于词袋，将单独特征点进行组合形成单词，因此可将字典生成看作聚类问题。

1. 点线视觉词袋模型

本书使用 SURF 描述子检测和描述点。在图像中找到 m 个 SURF 描述子，点描述子定义为 $P_t = \left\{ p_0^t, p_1^t, \cdots, p_{m-1}^t \right\}$。使用线段描述子 LBD 的二进制形式描述检测到的线，对每条线取以其为中心的矩形区域，这样图像被划分为一组带 B_i，从中计算出描述子 BD_i，将 B_i 与其相邻带进行对比，考虑到支持区域内 32 对可能的波段描述子 BD_i，最终获得了二进制描述子。每对逐位比较，每对生成一个 8 位字符串，最终生成一个 256 位的描述子。

2. 词袋匹配

词袋匹配的流程如图 2-16 所示。

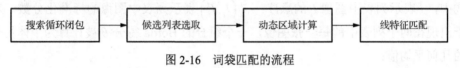

图 2-16　词袋匹配的流程

1）搜索循环闭包

本书的索引和搜索循环闭包方法基于 OBIndex2 方法[108]，这是一种层次树结构，可以以有效的方式管理越来越多的二进制描述子。该结构可以作为增量波方案，并与反向文件相结合进行快速图像检索。考虑到使用二进制描述子来描述所有的视觉特征，本书维护了两个 OBIndex2 实例，一个用于点，一个用于线。每个实例都会为每个特性构建一个增量的视觉字典和一个图像索引。给定一个图像，对每个索引执行并行搜索，以检索最相似的点和线的图像。因此，得到了两个列表：①最相似的图像使用点 $C_p^t = \left\{ I_{p_0}^t, I_{p_1}^t, \cdots, I_{p_{m-1}}^t \right\}$；②最相似的图像使用线 $C_l^t = \left\{ I_{l_0}^t, I_{l_1}^t, \cdots, I_{l_{n-1}}^t \right\}$。

10 个列表分别按它们的相关分数 $s_p^t \left(I_t, I_j^t \right)$ 和 $s_l^t \left(I_t, I_{n-1}^t \right)$ 排序，每个表度量查询图像 I_t 和图像 I_j 之间的相似性。由于这些分数的范围取决于每个词汇表的视觉单词的分布，因此使用最小-最大归一化将它们映射到 $[0,1]$ 范围上：

$$\tilde{s}_k^t \left(I_t, I_j^t \right) = \frac{s_k^t \left(I_t, I_j^t \right) - s_k^t \left(I_t, I_{\min}^t \right)}{s_k^t \left(I_t, I_{\max}^t \right) - s_k^t \left(I_t, I_{\min}^t \right)}, \quad k \in \{p, l\} \tag{2-90}$$

式中，$s_k^t \left(I_t, I_{\min}^t \right)$ 和 $s_k^t \left(I_t, I_{\max}^t \right)$ 分别对应一个图像候选列表的最小分数和最大分数；分数 $\tilde{s}_k^t (\cdot)$ 低于阈值的图像被丢弃，以限制图像候选列表的最大数量。

2）候选列表选取

产生两个列表 C_p^t 和 C_l^t 从单独的角度提供了图像回环候选列表。通过合并这两个列表，获得可能的图像候选列表，同时考虑线特征和点特征。通常可以分为两种方案，即早期融合和晚期融合：前者在处理前将所有特征组合成一个单一的表示；后者在决策层调整，将不同检索系统产生的输出组合在一起。在本书中，考虑到要组合的特征的异质性，使用晚期融合方法，该方法采用基于 Borda 得分的排名投票系统来合并候选列表。这是一种基于选举策略的简单数据融合形式：首先将一组候选列表根据其偏好进行排名，然后按照排名的反比给每个候选列表打分，在所有投票发出后，得票最多的候选列表获胜。有两个独立的列表，每个视觉词汇表各有一个独立的列表，发出一个不同大小的候选列表名单。接下来，每个列表 C_k^t 上的 top-c 图像以分数 b_k 进行排名：

$$b_k\left(I_i^t\right)=(c-i)\tilde{s}_k^t\left(I_t,I_i^t\right) \tag{2-91}$$

式中，i 表示列表中图像 I_i 的顺序；$\tilde{s}_k^t\left(I_t,I_i^t\right)$ 表示列表中图像的标准化分数。对于出现在两个列表中的每一张图像，一个组合的 Borda 得分 β 被计算为个体得分的几何平均值：

$$\beta\left(I_i^t\right)=\sqrt{b_p\left(I_i^t\right)b_l\left(I_i^t\right)} \tag{2-92}$$

本书使用几何平均值而不是算术平均值来减少其中一个列表中假阳性的影响。通过按顺序排列所有图像的 $\beta\left(I_i^t\right)$ 分数，集合到一个图像列表 C_{pl}^t 中。此列表合并来自两个视觉词汇表的信息，独立于当前环境中检测到的特性数量。最后，考虑到某些环境大多表现出一种特征的事实，只出现在一个列表中的图像也被纳入 C_{pl}^t 中。

3）动态区域计算

在选择最后一个回环候选这个阶段，本书验证在 C_{pl}^t 中检索图像的时间一致性。为此，本书依赖于 BoW-LCD 使用的动态区域的概念。当图像来自环境的同一区域时，这种方法可以避免它们作为回环候选的竞争对手。动态区域 Y_m^n 将时间戳范围从 m 到 n 的图像进行分组。首先，考虑列表 C_{pl}^t 中的图像，顺序计算当前图像的一组区域 Γ_t：如果图像时间戳位于 $[m,n]$，则每个图像 $I_i \in C_{pl}^t$ 要与现有的区域 m 相关联，否则需创建一个新的区域。处理 C_{pl}^t 中的所有图像后，为每个区域计算全局分数 $g(\cdot)$：

$$g\left(Y_n^m\right)=\frac{\sum\limits_{i=m}^{n}\beta\left(I_i^t\right)}{n-m+1} \tag{2-93}$$

分数 $g(\cdot)$ 是属于该区域图像的 Borda 得分的平均值，积分了点和线并将得到

的区域集 Γ_t 按 $g(\cdot)$ 降序排序。选择其中一个产生的区域，用 $Y^*(t)$ 表示，以确定环境的哪个区域最有可能用它关闭一个循环。BoW-LCD 利用了优先区域的概念，定义 $Y^*(t)$ 为与 Γ_t 中第 $t-1$ 时刻选择的区域 $Y^*(t-1)$ 在时间上重叠的区域。选择得分最高的优先区域作为最终区域。然而，这种方法只是基于图像的外观，由于感知上的混叠，它可能会在一些人为制造的环境中产生不正确的区域关联。因此，对原始方法提出了一种简单而有效的修改，一旦确定了最佳区域 $Y^*(t)$，则选择得分 β 最高的图像 I_c 作为其代表，并在下一个验证阶段进行评估。

4）线特征匹配

尽管最近邻距离比率通常有助于消除关键点之间的错误匹配，但它在线描述子匹配方面表现不佳，尤其是在线描述子容易受到感知混叠影响的人造环境中。在这项工作中，对于当前图像 I_t 中的每个线描述子 l_i^t，本书检索候选图像 I_c 中最相似描述子的有序列表。为了处理相机旋转，本书计算两帧之间的全局旋转角 θ_g，用于计算每对线之间的相对方向 α_i^j：

$$\alpha_i^j = \left| \theta_i^t - \theta_j^c + \theta_g \right| \tag{2-94}$$

式中，θ_i^t 是当前图像上线的方向；θ_j^c 是列表中相应行的方向。对于每个列表，丢弃所有 α_i^j 的行匹配，得到一个经过过滤的候选行匹配列表。为了生成最后的线匹配集，从每个列表中选择两个最相似的幸存最近邻。

基本矩阵 F 常被用来描述从图像上的线段匹配估计同源关系，前提是这些线段位于至少两个不同平面上。本书采用一种更简单有效的方法来避免这种约束，一方面，线段由它们的端点表示；另一方面，端点首先在匹配线之间匹配，然后附加到 F 的计算中。为了关联线段端点（考虑到一条线的起点可能对应于另一幅图像中该线的终点），本书选择使用线方向和全局最小化旋转角 θ_g 之间的一对。

2.4 试　验

2.4.1 公开数据集试验

使用 VINS-Mono 算法和本书算法分别在 EuRoC 所有数据集上进行试验，将两者运行所得到的结果进行比较，通过对比绝对误差（absolute pose error, APE）分析两种算法的导航精度。

图 2-17 是 V1_03_difficult 数据集场景图像，图 2-18、图 2-19 分别为 VINS-Mono 算法和本书算法在 EuRoC 的 V1_03_difficult 数据集下运行过程。图 2-18 和图 2-19 中线段和点是从每张图片中提取的特征线段和特征点，提取过程中设置特征点和特征线段的最小间隔，进行非极大值抑制，从而使特征分布均匀。从图 2-19 中可

以明显看出，在某些弱纹理环境下，线特征仍然保留着较好的跟踪效果，在 V1_03_difficult 数据集中，从出现动态模糊的图像中仍能有效提取环境中的几何信息。

图 2-17　V1_03_difficult 数据集场景图像

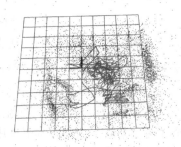

图 2-18　VINS-Mono 算法在 EuRoC 的 V1_03_difficult 数据集下运行过程

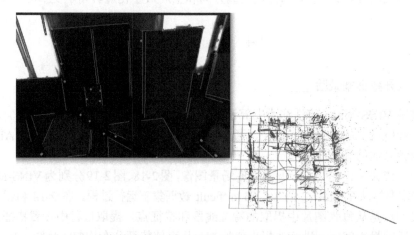

图 2-19　本书算法在 EuRoC 的 V1_03_difficult 数据集下运行过程

　　图 2-18 和图 2-19 中，曲线线条为算法解算得到的无人机运动位姿，点与线段为从图像中提取的特征点和特征线段在空间中的分布。相比于 VINS-Mono 算法，本书算法在特征提取数量和几何信息构建效果上有显著提升。使用 evo 工具包来计算和绘制精准的结果图示。

　　从绝对位姿误差可以直观地看出估计值和真值之间的差距。图 2-20、图 2-21 给出了两个定位系统解算结果相对于真值的绝对位姿误差，实线分别为两个系统解算出的估计值，虚线为真值。从图 2-20、图 2-21 明显看出，估计值的绝大部分误差较小，在拐角或快速起降的区域则有较大的误差，这些区域特征提取和匹配较困难。

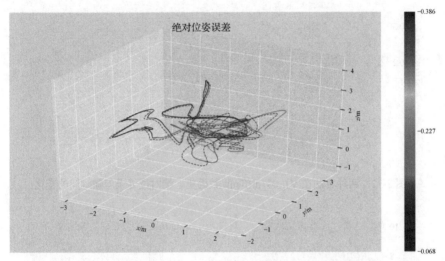

图 2-20　VINS-Mono 系统在 V1_03_difficult 数据集上的三维绝对位姿误差

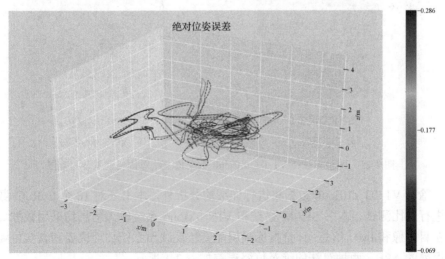

图 2-21　本书 SLAM 系统在 V1_03_difficult 数据集上的三维绝对位姿误差

　　从图 2-22 和图 2-23 可以看出，VINS-Mono 算法的绝对位姿误差在一开始就发生了剧烈的波动，这是因为在室内房间面对大面积白墙，不能提取到有效的特征点。同时，相机的剧烈运动导致画面模糊，所以 VINS-Mono 算法的绝对位姿误差一直起伏较大。本书算法在该数据集上的轨迹相对平滑，一是因为增加了线段匹配，提取的线段基本都在墙缝和门窗边缘，相对点特征不易发生丢失和改变，使得匹配更准确；二是因为初始化方法的优化取得了更准确的参数和初始位姿。

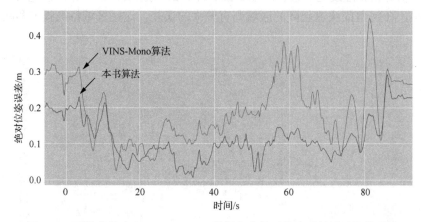

图 2-22　两种算法在 V1_03_difficult 数据集上绝对位姿误差随时间的变化

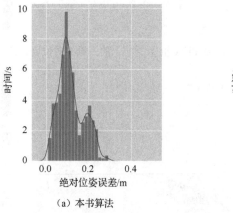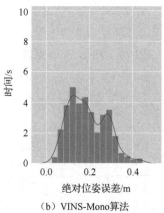

（a）本书算法　　　　　　　　　　（b）VINS-Mono算法

图 2-23　两种算法在 V1_03_difficult 数据集上绝对位姿误差分布范围

　　除对 V1_03_difficult 数据集进行详细的分析外，本书还对 10 个 EuRoC 数据集进行对比测试，本书 SLAM 系统和 VINS-Mono 系统输入信息均采用数据集中的左目图像和 IMU 信息，评价指标采用能直接反映出系统估计位姿和真实位姿之间误差的 APE。两种算法的绝对位姿误差如表 2-1 所示。

表 2-1　两种算法的绝对位姿误差　　　　　　　（单位：m）

数据集	VINS-Mono 算法	本书算法
MH_01_easy	0.129	0.145
MH_02_easy	0.183	0.150
MH_03_medium	0.262	0.218
MH_04_difficult	0.377	0.224
MH_05_difficult	0.283	0.257
V1_01_easy	0.166	0.085
V1_03_difficult	0.221	0.148
V2_01_easy	0.109	0.128
V2_02_medium	0.174	0.150
V2_03_difficult	0.319	0.183

由表 2-1 中数据采用两种算法在 EuRoC 数据集下的绝对位姿误差可以得出，系统加入线特征能够有效避免纹理缺少情况下点特征提取失效的缺陷，提升定位系统的精度和稳定性。本书算法与 VINS-Mono 算法比较，平均定位误差减小了22%。在场景纹理弱的 MH_04_difficult 和相机快速运动的 V1_03_difficult 序列下，算法均表现出极为优异的稳定性。

2.4.2　飞行试验

为验证算法在实际暗光条件和弱纹理环境中的定位精度，使用由四旋翼无人机搭载大疆 Manifold 2C 机载计算机和 D435i 相机采集的实际场景数据实时对算法进行测试，试验用四旋翼无人机、大疆 Manifold 2C 机载计算机和 D435i 相机参数分别如表 2-2～表 2-4 所示。

表 2-2　四旋翼无人机参数

轴距	质量	螺旋桨规格	飞行模式
410mm	1.4kg	260mm×30mm	手动操控

表 2-3　大疆 Manifold 2C 机载计算机参数

型号	质量	尺寸	处理器	内存	功率
Manifold 2C	205g	91mm×61mm×35mm	英特尔 i7-8550	8GB	5～60W

表 2-4　D435i 相机参数

图像传感器	像素大小	分辨率	最大帧率	视场
全局快门	3μm×3μm	460 像素×640 像素	90 帧/秒	86°×57°

飞行试验场地为地下停车场（图 2-24），该试验场地较为空旷，周围环境多为白墙，特征点提取困难；不同位置的光照强度差异大，无人机飞行速度并不固定，对算法性能具有较大挑战性。试验中相机帧率为 30 帧/秒，IMU 频率为 200Hz。利用采集的实际场景数据对算法进行测试。

图 2-24　飞行试验场地

两种算法实时运行特征提取图和实际场景轨迹图分别如图 2-25 和图 2-26 所示。

（a）VINS-Mono算法实时运行特征提取图　　　　（b）本书算法实时运行特征提取图

图 2-25　两种算法实时运行特征提取图

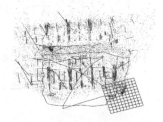

（a）VINS-Mono算法实际场景轨迹图　　　（b）本书算法实际场景轨迹图

图 2-26　两种算法实际场景轨迹图

经测试，本书算法与 VINS-Mono 算法相比，在 20m×20m×3m 的地下停车场中能够提取丰富的线特征，提取的线段质量更高，提升了定位精度。从实际场景轨迹图能看出，本书算法解算出来的轨迹更为平滑，位姿更稳定。

2.5　本章小结

本章提出新的点线特征结合的视觉 SLAM 框架，针对点特征的提取与匹配，提出基于快速双边滤波的 SURF 算法以及 KD-TREE 算法，点特征总体消耗时间稍增长，但更加稳定。同时，对 LSD 线特征提取算法进行参数调整，利用几何约束进行线特征匹配，利用随机抽样一致性算法剔除误匹配，减少特征匹配过程计算量。

在视觉惯性融合方面，先利用纯视觉 PnP 定位理论构建了初始位姿，再进行 IMU 的预积分，对齐图像和惯性信息后，采用基于最大后验估计的视觉惯性初始化方法，缩短了系统初值求解时间；把线特征信息加入后端优化过程中，推导了点特征、线特征及 IMU 的观测方程，以及误差关于状态量的雅可比矩阵，对后端进行非线性优化，并对滑动窗口算法的边缘化及可观性在理论上进行深入分析；最后采用线点回环检测（LiPo-LCD）算法，结合两种词汇提供的信息，提出了一种基于排序投票系统的重定位方法。

最后，分别用公开数据集试验和飞行试验对定位算法进行测试，并对结果进行精度分析，比较对象为主流视觉惯性定位方法 VINS-Mono 算法。对试验结果的分析和比较表明，与经典的 VINS-Mono 算法相比，尤其是针对室内弱纹理和光照变化场景，本书算法在广泛的环境中能够保持稳定性，同时定位误差减小 22%。

第 3 章　微型旋翼无人机自主飞行中的
地图构建及目标检测方法

3.1　引　　言

微型旋翼无人机在自主飞行中,对地图的构建要求精准且有效率,地图构建准确率的提高可以大大增加无人机在未知复杂环境中探寻的安全性,地图构建效率的提升能够释放无人机的存储空间。建图系统在维持微型旋翼无人机导航时需要满足以下四个要求:①能够稠密地覆盖整个未知环境,提供充足的导航信息;②具有良好的扩展性和效率,在不占用过多计算资源的前提下应用于不同环境中;③具有全局一致性;④能够融合不同种类的相机,如 RGB-D、单目相机或双目相机。

有代表性的建图框架包含八叉树地图(octomap)和截断符号距离场(truncated signed distance field,TSDF)地图等。对于自主飞行导航而言,真正有用的是自由空间信息,而不是障碍物。用于无人机规划的地图必须具有快速查询空闲/占据状态以及获取障碍物距离信息的能力,如欧氏距离场(ESDF)地图。ESDF 地图具有评估障碍物距离和梯度信息的优势,因此对于基于梯度的规划方法来说是必要的。基于梯度的规划方法倾向于将生成的轨迹推离障碍物,以改善路径间距。

本章根据上述要求对微型旋翼无人机在未知环境中的建图方法进行研究[109],首先介绍传统的地图构建方法,如栅格地图、八叉树地图以及 ESDF 地图。其次提出基于优化的地图构建方法——基于边缘域变换对光照在深度图上产生的空洞进行填补,以防无人机规划错误的轨迹。再次对稠密点云地图进行优化,根据从灰度图和深度图提取的超像素生成面元,通过面元来构建具有全局一致性的半稠密点云地图。最后考虑到无人机在实际任务中的不同需求,在 YOLO 的框架上增加对特定目标物尺度信息和位姿的估计[110],实现微型旋翼无人机在室内环境中的三维目标检测。

3.2　微型旋翼无人机自主飞行地图构建方法

3.2.1　传统的地图构建方法

1. 栅格地图构建方法

微型旋翼无人机在自主飞行中，地图和位姿对机器人来说都是未知的，但是这个问题可以用占据栅格地图构建方法来解决。计算机中任何数据都是离散的，在空间中连续的地图，在计算机中也是由一个个离散的数据组成的。本书在地图上对 X 轴和 Y 轴进行离散化（三维栅格地图还要对 Z 轴进行离散化），得到一系列的栅格，每个栅格只有三种状态：占据、空闲、未知。栅格如图 3-1 所示。

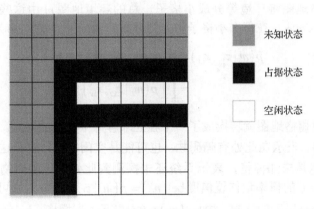

未知状态

占据状态

空闲状态

图 3-1　栅格

栅格地图是结构化而且有序的，能够直接使用位置索引查询某位置的状态，查询的时间复杂度为 $O(1)$。但是，栅格地图是对场景进行密集的分割，内存占用较大。一种常用的栅格地图格式是便携式灰度图（portable gray map, PGM），它是灰度图像格式中一种最简单的格式标准，在机器人操作系统（robot operating system，ROS）中使用 2D 激光雷达和 Gmapping 功能包生成的栅格地图就是 PGM 地图，如图 3-2 所示。

占据栅格地图构建要解决的问题：已知机器人位姿序列 $x_{1:t}$ 和观测序列 $z_{1:t}$，求解环境地图 m。表达成概率形式，就是求地图的后验概率，即

$$p(m \mid z_{1:t}, x_{1:t})　　　　（3-1）$$

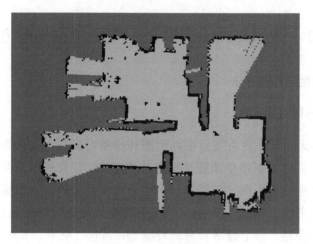

图 3-2 PGM 地图

占据栅格地图将环境等分成小格子，总的环境地图 m 由这些小格子组成：$m = \{m_1, m_2, \cdots, m_n\}$。在每个小格子独立同分布的情况下，式（3-1）可以变换为

$$p(m \mid z_{1:t}, x_{1:t}) = p(m_1, m_2, \cdots, m_n \mid z_{1:t}, x_{1:t})$$
$$= \prod_{i=1}^{n} p(m_i \mid z_{1:t}, x_{1:t}) \tag{3-2}$$

这样构建栅格地图就转换成了一个独立求解每个栅格的问题。每个小格子可能是占据栅格，表示在此处有障碍物；也可能是空闲栅格，表示这个地方没有障碍物；还可能是未知栅格，表示系统还未探测到此处有无障碍物。本书把每一个小格子被占据的概率记作置信度 $\mathrm{bel}(m_i) = p(m_i \mid z_{1:t}, x_{1:t})$，这样可以通过设置阈值来确定每个小格子的状态，如 $\mathrm{bel}(m_i) > 0.6$ 表示占据栅格，$\mathrm{bel}(m_i) < 0.4$ 表示空闲栅格，$0.4 \leqslant \mathrm{bel}(m_i) \leqslant 0.6$ 表示未知栅格。对于每一个小格子的置信度可以通过式（3-3）求解：

$$\mathrm{bel}_t(m_i) = 1 - \frac{1}{1 + \exp(l_{t,i})} \tag{3-3}$$

式中，$l_{t,i}$ 为对数置信度，表达式如下：

$$l_{t,i} = \ln \frac{\mathrm{bel}_t(m_i)}{1 - \mathrm{bel}_t(m_i)} = \ln \frac{p(m_i \mid z_{1:t}, x_{1:t})}{1 - p(m_i \mid z_{1:t}, x_{1:t})} \tag{3-4}$$

2. 八叉树地图构建方法

对于三维地图，通过观察可以发现障碍物只是其中一部分，因此本书可以使用一些特殊的结构来保存三维地图，如八叉树（octree）。八叉树就是有八个子节点的树，是一种递归、轴对齐且有空间间隔的数据结构，常用于 3D 数据的表达。八叉树如图 3-3 所示。

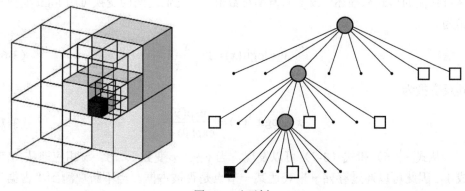

图 3-3　八叉树

假设某个空间是一个立方体，这个立方体中有一个障碍物，可以直接将这个立方体标记为占据状态，很显然这种方式太粗糙了，本研究需要一种更精细的方法。可以使用三维栅格地图，将立方体分为很多符合精度要求的小立方体，然后对障碍物所在的小立方体进行标记，但是占用内存太大，障碍物只是占据空间中的很小一部分，很多空闲状态的立方体并不需要专门分配内存进行标记。

使用八叉树结构既可以考虑精度，又可以兼顾内存。将立方体分成八个小立方体，对包含障碍物的立方体继续进行分割，直到达到本研究想要的精度。当某个节点的所有子节点都是占据、空闲或者未知状态时，本研究可以将它和它的子节点全部剪掉，这样可以极大地减小占用的内存空间。但是通过八叉树构建的地图不能直接使用索引进行查询，要按照树的结构进行递归查询，故这也是一种牺牲时间换空间的方法。

八叉树地图中的节点可以分成三种状态，分别是"空闲""占据"和"未知"，其中"空闲"和"占据"都属于已知状态，"空闲"表示没有障碍物，"占据"表示有障碍物，因此八叉树当中的节点都存储着它是否被占据的信息。考虑到噪声的影响，本章采用基于浮点数 $x \in [0,1]$ 的概率形式来描述这一信息，节点的初始状态为 $x = 0.5$，表示未知状态，如果不断观测到它被占据，那这个值不断增大；反之，则不断减小。对于构建出来的三维地图，节点 n 的状态为

$$\text{state}(n) = \begin{cases} \text{未知}, & x_\text{f} \leqslant x \leqslant x_\text{o} \\ \text{占据}, & x > x_\text{o} \\ \text{空闲}, & x < x_\text{f} \end{cases} \tag{3-5}$$

式中，x_f、x_o 分别为表示空闲（free）和占据（occupied）的阈值。

通过这种方式可以动态地建模地图中的障碍物信息，然而当 x 不断增大或减小时，其可能会处于 $[0,1]$ 区间之外，带来处理上的不便。因此，进一步采用概率对数值的形式来描述，设 y 为概率对数值，则它们之间的变换可用 logit 变换描述为

$$y = \text{logit}(x) = \ln \frac{x}{1-x} \tag{3-6}$$

其反变换为

$$x = \text{logit}^{-1}(y) = \frac{\exp(y)}{\exp(y)+1} \tag{3-7}$$

从式（3-6）和式（3-7）可以发现，当 y 从 $-\infty$ 变到 $+\infty$ 时，x 相应地从 0 变成 1，因此可以通过存储 y 来表达某一节点是否被占据。当不断观测到"占据"时，则让 y 增大；当不断观测到"空闲"时，则让 y 减小。当查询概率时，再用逆 logit 变换，将 y 转至概率即可。综上所述，设某节点为 n，观测数据为 z，从开始到第 t 时刻该节点的概率对数值为 $L(n \mid z_{1:t})$，那么第 $t+1$ 时刻的概率对数值为

$$L(n \mid z_{1:t+1}) = L(n \mid z_{1:t-1}) + L(n \mid z_t) \tag{3-8}$$

八叉树地图如图 3-4 所示。

图 3-4　八叉树地图

3. ESDF 地图构建方法

在轨迹搜索和规划中，相比于每个栅格被占据的概率，无人机更关注自身所在位置与障碍物之间的距离信息，因此如果能够将每一个单位栅格中存储的被占据概率信息更改为每一个单位栅格与其最近障碍物之间的距离，便可以根据距

离的梯度对搜索轨迹进行优化，得到更远离障碍物的安全轨迹，保证微型旋翼无人机在自主飞行中的安全性。因此，在占据栅格地图的基础上生成 ESDF 地图[111]。以二维栅格地图为例，如图 3-5 所示，图中每个栅格中存储的信息为该栅格与最近障碍物之间的欧氏距离，且不同的颜色表示不同的距离，可以看出在占据栅格地图中被占据的栅格以"1"表示状态，在对应 ESDF 地图中对应的栅格以"0"表示其与障碍物之间的距离最近，且其附近的栅格沿着梯度的方向依次向外递增，以示其与障碍物之间的距离逐渐增加。

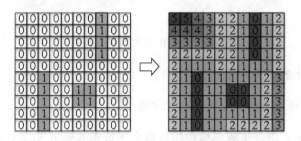

图 3-5　二维栅格地图与对应 ESDF 地图

ESDF 地图是基于广度优先搜索（breadth first search, BFS）算法实现的，BFS 并不使用经验法则算法，而是通过盲目搜索来系统地检测地图中的所有栅格，并查询每一个栅格与障碍物之间的距离。ESDF 地图构建流程如图 3-6 所示，首先将位姿及点云地图或深度图作为输入，通过光线投射将输入信息进行融合并转成占据栅格的状态，在整个过程中不断更新每个单位栅格被占据的状态，并将所有栅格分为两个队列：插入队列和删除队列。根据不同的栅格动态生成情况进行不同的初始化，共同构建更新队列来进行 ESDF 地图的构建。

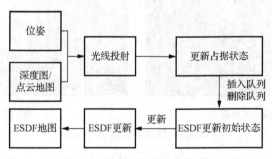

图 3-6　ESDF 地图构建流程

ESDF 地图是一种局部增量式地图，即根据无人机移动的路径对周围局部环境进行建图，栅格的颜色根据周围障碍物相较于无人机的距离远近不同而改变，由于 ESDF 地图的输入形式既可以为点云地图又可以为深度图，因此能够弥补在构建点云地图时无法对白墙进行表征的问题，根据无人机与障碍物之间的欧氏距离在地图中建立对应栅格。ESDF 局部增量式地图如图 3-7 所示。

图 3-7　ESDF 局部增量式地图

3.2.2　基于优化的地图构建方法

1. 基于边缘域变换的深度图优化方法

微型旋翼无人机在位置环境中进行自主飞行需要通过 SLAM 技术来完成，通过 SLAM 技术对室内环境进行局部稠密点云地图构建，如图 3-8 所示，可看出其存在三个问题：①稠密点云地图根据深度图与 RGB（red, green, blue）图像构建而来，光照会造成一些朗伯面的深度图出现空洞，如图 3-9 所示，这将导致无人机所规划的轨迹产生误差，飞向本不该出现的空洞。②难以消除相机跟踪的偏差，并且无法保证全局一致性。③单目、双目相机不具备获取深度图的能力，因此基于 RGB 图像与深度图结合生成稠密点云地图的方法在单目、双目相机中并不适用。

（a）稠密点云地图　　　　　　　　　　　　　　　（b）原图

图 3-8　稠密点云地图与原图

首先针对深度图上因光照而产生空洞的问题，基于边缘域变换对深度图进行优化。

基于边缘域变换对深度图进行优化的实质是通过保边滤波器对图像中的噪声进行平滑[112]，由图 3-9 可看出，人为地将不同深度的区域通过不同的灰度进行划分，则可以通过不同的 RGB 值来对应不同的深度，在此基础上将对深度图空洞的优化转移为对 RGB 图像的优化。通过边缘域变换优化图像的关键前提：将图像 R、G、B 三个通道的值与像素点坐标共同组成一个 5D 空间，当 RGB 图像可以定义为 5D 空间中的 2D 流形时，保边滤波器可以同时被定义为 5D 空间中的不变核，且其响应随着 5D 空间中像素之间距离的增加而减少。如果在低维空间中仍能够保持每个像素之间在 5D 空间中的距离，则可以认为在低维空间中的其他空间滤波器也是保边的。

图 3-9　光照造成的空洞

基于上述描述，假设存在一个 RGB 图像 I，并且 $I:\Omega\subset\mathbb{R}^2\to\mathbb{R}^3$，本书可将该图像看成 5D 空间中的 2D 流形 M_I，假设在 M_I 中存在一个点 $\hat{p}$：

$$\hat{p}=\left(x_p,y_p,r_p,g_p,b_p\right)\in M_I \tag{3-9}$$

式中，$\left(x_p,y_p\right)$ 为 $\hat{p}$ 的空间坐标；$\left(r_p,g_p,b_p\right)$ 为对应彩色坐标值。设该 5D 空间中存在一个保边滤波器的核 $F\left(\hat{p},\hat{q}\right)$，则滤波后的图像 $J(p)$ 可表示为

$$J(p)=\int_{\Omega}I(q)F\left(\hat{p},\hat{q}\right)\mathrm{d}q \tag{3-10}$$

式中，

$$\int_{\Omega}F\left(\hat{p},\hat{q}\right)\mathrm{d}q=1 \tag{3-11}$$

在不考虑归一化的情况下，双边滤波器的核如下所示：

$$F\left(\hat{p},\hat{q}\right)=G_{\sigma_s}\left(\|p-q\|\right)G_{\sigma_r}\left(\|I(p)-I(q)\|\right) \tag{3-12}$$

式中，$\|\cdot\|$ 表示二范数；$G_{\sigma_s}(\cdot)$、$G_{\sigma_r}(\cdot)$ 分别为典型的高斯控件滤波器和高斯范围滤波器。

　　利用保边滤波器对深度图进行优化的本质在于找到一个域变换 T ，并且 $T:\mathbb{R}^5 \to \mathbb{R}^l, l < 5$ ，在 $\mathbb{R}^l$ 上定义一个滤波器核 H ，对于任何输入图像 I ， H 在其上产生的作用结果与 5D 保边滤波器核 F 的作用结果等价，即

$$J(p) = \int_\Omega I(q)F(\hat{p},\hat{q})\mathrm{d}q = \int_\Omega I(q)H(t(\hat{p}),t(\hat{q}))\mathrm{d}q \tag{3-13}$$

　　也就是，找到一个域变换 T 和一个在欧氏空间中的地位线性滤波器核 H ，来代替在 5D 空间中定义的保边滤波器，这样节约计算资源并能够实现实时处理下面对域变换 T 进行推导。

　　首先对 1D 空间中的图像 I 进行约束，即 $I:\Omega \to \mathbb{R}, \Omega = [0, +\infty)$ ，通过其在 2D 空间中的图像 $(x, I(x))$ 定义一条 2D 曲线 C ，由于要使变换 $T:\mathbb{R}^2 \to \mathbb{R}$ 能够让 C 上的点在 2D 空间中距离保持不变，因此设存在点集 $S = \{x_0, x_1, \cdots, x_n\}$ ，且 $x_{i+1} = x_i + h$ ，对于抽样间隔 h ，使其满足式（3-14）所示条件：

$$\left| t(x_i, I(x_i)) - t(x_j, I(x_j)) \right| = \left\| (x_i, I(x_i)) - (x_j, I(x_j)) \right\| \tag{3-14}$$

式中， $x_i, x_j \in S$ ；由于这是 2D 空间和 1D 空间之间的转换，为了简单起见， $\|\cdot\|$ 为一范数，令 $\mathrm{ct}(x) = t(\hat{x}) = t(x, I(x))$ ，当 T 能够满足式（3-15）时，则点集中的每个点之间的距离相等。

$$\mathrm{ct}(x+h) - \mathrm{ct}(x) = h + |I(x+h) - I(x)| \tag{3-15}$$

　　将式（3-15）用积分进行表示：

$$\mathrm{ct}(u) = \int_0^u 1 + |I'(x)| \mathrm{d}x, \quad u \in \Omega \tag{3-16}$$

　　对于多通道信号来说，其实现保边滤波的关键在于能够一次处理输入的所有信号，因为将每个通道分开独立处理会在边缘处产生虚像，将式（3-16）扩展到多通道中，得到式（3-17）：

$$\mathrm{ct}(u) = \int_0^u 1 + \sum_c^{k=1} |I'_k(x)| \mathrm{d}x \tag{3-17}$$

式中， $I'_k(\cdot)$ 表示 I 的第 k 个通道，在本章中可以表示不同色彩空间，如 RGB 或 HSV（hue, saturation, value）中的不同颜色通道。在上述基础上考虑到对强度以及空间方差参数的控制，对式（3-17）进行扩展，得

$$\mathrm{ct}(u) = \int_0^u 1 + \frac{\sigma_\mathrm{s}}{\sigma_\mathrm{r}} \sum_c^{k=1} |I'_k(x)| \mathrm{d}x \tag{3-18}$$

　　通过寻找域变换 T 的方式利用保边滤波器实现对深度图的修补，优点有三：①将域变换放到 1D 空间中进行可以节省计算内存；②滤波器参数的设置不影响计算成本；③能够在任意尺度实时对图像进行保边处理，不需要进行二次采样或者量化。

　　基于边缘域变换优化后的深度图如图 3-10 所示，可以看出光照在玻璃上造成的空洞得到了填充，相应地，根据修补后的深度图，融合 RGB 图像生成的点云地图如图 3-11 所示。

图 3-10　基于边缘域变换优化后的深度图

图 3-11　融合 RGB 图像生成的点云地图

　　在点云地图的基础上进行轨迹规划仿真试验来对比修补效果，如图 3-12 所示。图中，黑色线条表示前端路径搜索的路径点信息，白色线条表示后端优化的轨迹信息，五角星为目标点，将其设置到窗外。图 3-12（a）中无人机误将空洞判定为可通行区域，从而生成错误规划；图 3-12（b）中无人机一直在原地徘徊，不断地进行搜索，这是因为修补后的点云地图无法规划出通往窗户外面的轨迹，基于边缘感知的深度图优化能够让无人机准确规避障碍物，合理地消除了光照带来的影响。

（a）无人机误将空洞判定为可通行区域　　　（b）无人机一直在原地徘徊

图 3-12　轨迹规划仿真试验结果对比

2. 基于面元的稠密点云地图优化方法

基于边缘域变换的深度图优化方法中还存在两个待解决问题，一是将位姿和局部地图拼接得到稠密点云地图，像素偏差以及在实际程序中时间对齐会导致全局一致性差；二是对于不能获取深度图的视觉传感器来说无法获取地图。

因此，在边缘域变换的基础上，通过将深度图和灰度图提取为面元的方式，来构建一种具有全局一致性且在不同种类的相机中具有普适性的半稠密点云地图[113]。其核心思想是，将具有相似灰度、深度及位置坐标的像素聚类为超像素，并使用超像素来表示面元，根据 SLAM 系统的位姿图，通过关键帧进一步提取具有局部一致性的面元与输入图像进行融合形成局部地图，并将融合时间复杂度保持在 $O(1)$ 内。基于优化的位姿图能够使地图实现快速变形，让整个建图系统具有实时全局一致性。

基于面元的点云地图构建系统组成如图 3-13 所示，按照功能分为六部分，分别为超像素提取模块、面元初始化模块、定位系统模块、地图变形模块、局部地图构建模块及面元融合模块。面元用于表示未知的复杂环境，对于每个面元来说可以用下式表示：

$$S = \left[S_p, S_n, S_c, S_w, S_r, S_t, S_i \right]^{\mathrm{T}} \tag{3-19}$$

式中，$S_p \in \mathbb{R}^3$，表示面元的位置；$S_n \in \mathbb{R}^3$，表示面元的法线；$S_c \in \mathbb{R}$，表示灰度；$S_w \in \mathbb{R}^+$，表示不同面元在地图构建中的不同权重值；$S_r \in \mathbb{R}^+$，表示半径大小；$S_t \in \mathbb{N}$，表示更新时间，用于检测某一时刻是否存在异常数值或动态目标；$S_i \in \mathbb{N}$，表示匹配相应关键帧的索引值，用于表示包含这一面元的最后一个关键帧。

整个系统的输入为视觉传感器捕捉到的灰度图 I、深度图像 D、相机的运动信息以及位姿图。

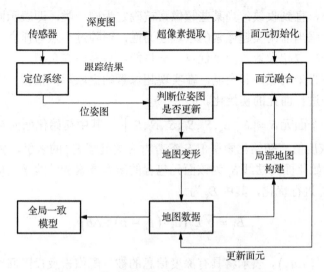

图 3-13　基于面元的点云地图构建系统组成

超像素的提取是通过简单线性迭代聚类（simple linear iterative clustering，SLIC）实现的，根据像素点的灰度值、深度值和空间位置，首先生成多个均匀分布的初始化聚类中心，如式（3-20）所示：

$$C_i = [x_i, y_i, d_i, c_i, r_i]^{\mathrm{T}} \tag{3-20}$$

式中，$[x_i, y_i]^{\mathrm{T}}$ 为初始化中心位置，也可以理解为聚类像素的平均位置；d_i 为对应聚类中心的初始化深度；c_i 为初始化灰度；r_i 为超像素初始化半径，即与聚类中心的最大距离。

根据灰度、深度以及空间位置在像素点和候选聚类中心 C_i 之间定义两种距离，如下所示：

$$\begin{cases} D = \dfrac{(x_i - u_x)^2 + (y_i - u_y)^2}{N_s^2} + \dfrac{(c_i - u_i)^2}{N_c^2} \\[4mm] D_d = D + \dfrac{(1/d_i - 1/u_d)^2}{N_d^2} \end{cases} \tag{3-21}$$

式中，u_i、u_d 和 (u_x, u_y) 分别表示像素点的灰度、深度和位置信息；N_s^2、N_c^2、N_d^2 分别表示归一化灰度、深度以及距离的接近度。距离 D 和 D_d 之间的差别在于后者包含像素点与候选聚类中心之间的距离信息，由于深度图有时会存在无效深度，因此当每个像素点与各个候选聚类中心做比对时，如果存在无效深度，则通过比较 D 来完成分配，相似的像素点分配到同一标签后重新更新聚类中心；接着反复更新聚类中心，直到收敛；当某些超像素被确定为同一类，即表示同一物体或区域时，需要增强当前同类超像素的区域连通性，消除过小点与孤立点。通过灰度图和深度图来提取超像素有两个优点，一是能够减轻内存负担，二是减少由质量较小的深度图带来的噪声和空洞。在实现超像素的提取后，根据一个分配到足够像素的模块来进行面元的初始化。

设存在一个面元 $S = \left[S_p, S_n, S_c, S_w, S_r, S_t, S_i \right]^{\mathrm{T}}$，其中初始化面元灰度值 S_c 为聚类中心 C_i 的灰度值，初始化索引值 S_i 参考对应关键帧 F_{ref} 的索引，更新时间 S_t 初始值为 0，初始化面元法线 S_n 为该面元包含的所有像素的法线平均值，并通过最小拟合误差 E_S 进行优化，其中 E_S 为

$$E_S = \sum_u L_\delta \left(S_n \cdot \left(p_u - \bar{p} \right) + \Delta b \right) \tag{3-22}$$

式中，$p_u = \pi^{-1} \left(u, u_d \right)$，表示将具有深度信息的被分配像素反投影回空间中的像素点；$\bar{p}$ 表示 p_u 的均值；Δb 表示偏置。

初始化面元位置 S_p 可通过在范围内某一像素点在相机坐标系中的坐标 $\left[x_i, y_i \right]^{\mathrm{T}}$ 来构成如下方程：

$$\begin{cases} S_n \cdot \left(S_p - \bar{p} \right) + b = 0 \\ \pi \left(S_p \right) = \left[x_i, y_i \right]^{\mathrm{T}} \end{cases} \tag{3-23}$$

式（3-23）的解析解即为面元的位置 S_p：

$$S_p = \frac{S_n \cdot \bar{p} - b}{S_n \cdot \left(K^{-1} \cdot \left[x_i, y_i, 1 \right]^{\mathrm{T}} \right)} K^{-1} \cdot \left[x_i, y_i, 1 \right]^{\mathrm{T}} \tag{3-24}$$

初始化权重 S_w 为面元估计深度的逆方差，假设视差估计的方差为 σ^2，双目视觉传感器的基线为 b，像素视差为 d_{dis}，则权重 S_w 如下式所示：

$$\begin{cases} S_w = \dfrac{b^2 f^2}{S_p(z)^4 \sigma^2} \\ z = \dfrac{bf}{d_{\mathrm{dis}}} \end{cases} \tag{3-25}$$

初始化半径 S_r 为覆盖面元包含的所有被提取超像素的范围半径，如下所示：

$$S_r = \frac{S_p(z) \cdot r_i \cdot K^{-1} \cdot \left[x_i, y_i, 1 \right]^{\mathrm{T}}}{f \cdot S_n \cdot \left(K^{-1} \cdot \left[x_i, y_i, 1 \right]^{\mathrm{T}} \right)} \tag{3-26}$$

在面元初始化后，将位姿图、定位信息与面元相融合，其中位姿图通过视觉 SLAM 算法提取得到，是一个无向图模型，图中的顶点为关键帧 F_{ref}，边则表示关键帧之间共享的共同特征。由于图像帧之间的相对位姿由共同特征来约束，因此当关键帧彼此之间的最小边小于一定阈值时，可以认为该关键帧是局部一致的。此时，若这些具有局部一致性的关键帧中包含面元，则可以提取具有局部一致性的面元来构建局部地图，从而解决视觉 SLAM 由于漂移带来的累积误差问题。

面元融合模块是将关键帧中具有局部一致性的局部面元与每个时刻初始化面元进行融合，通过给定相机当前的位姿估计 $T_{w,c}$，将局部面元的位置以及法线转换到当前相机坐标系中，并将每个局部面元 S^l 作为像素反投影到输入帧中得到其对应值 $u = \pi\left(S_p^l\right)$。设存在一个面元 S^n，如果该面元通过包含 u 的超像素初始化得来，且含有相似的深度及法线，如式（3-27）所示，则认为两个面元 S^n 和 S^l 匹配。

$$\begin{cases} \left| S_p^n(z) - S_p^l(z) \right| < S_p^l(z)^2 / (bf) \cdot 2\sigma \\ S_p^n \cdot S_p^l > 0.8 \end{cases} \tag{3-27}$$

两面元的融合按照式（3-28）进行：

$$\begin{cases} S_p^l \leftarrow \dfrac{S_p^l S_w^l + S_p^n S_w^n}{S_w^l + S_w^n}, \quad S_c^l \leftarrow S_c^n \\[2mm] S_n^l \leftarrow \dfrac{S_n^l S_w^l + S_n^n S_w^n}{S_w^l + S_w^n}, \quad S_i^l \leftarrow S_i^n \\[2mm] S_t^l \leftarrow S_t^l + 1, \quad S_w^l \leftarrow S_w^l + S_w^n \\[2mm] S_r^l \leftarrow \min\left(S_r^n, S_r^l\right) \end{cases} \tag{3-28}$$

根据相机位姿，将融合后的局部面元转化到全局坐标系中，并整合进全局地图，其中可能会存在某些局部面元产生异常值，这是因为该局部面元在当前帧中完成了初始化，但还未与其他面元进行融合就被添加到全局地图中。为了处理这部分面元中的异常值，增加约束 $|S_i - F_{\text{ref}}| > 10$ 来实现转化，同时将更新次数少于五次的面元从融合中剔除。

由此可知，局部面元构成的局部地图需要和关键帧保持高度一致，以此来维持局部一致性，因此当 SLAM 系统更新了系统定位的位姿图后，每个面元之间的相对位姿和其匹配到的关键帧之间的对应关系须保持不变，通过局部一致性的维持来实现全局一致性，进而生成全局地图，根据实验室环境（图 3-14）来构建基于面元的半稠密点云地图。

图 3-14   实验室环境

基于面元构建的半稠密点云地图如图 3-15 所示，图中顶层点云为天花板，窗与窗之间的间隔为白墙，根据白墙与天花板的对比可以看出，基于面元来构建半稠密点云地图的算法难以对无法抓取到任何纹理信息或特征的物体进行复现，需要通过在墙上放置箱子、标定板等物品来添加特征信息，从而使视觉里程计能够根据关键帧来估计无人机运动，从而实现局部地图构建；在面对门、窗、障碍物及笔记本等纹理信息丰富的物品时，能够以点云的形式将物品在三维空间中表达。

（a）门、窗及外走廊

（b）椅子、笔记本及外走廊

（c）其他三面墙及障碍物侧视角

（d）正视角

图 3-15　基于面元构建的半稠密点云地图

3.3　基于建图的微型旋翼无人机自主飞行目标检测方法

3.3.1　门窗二维位置检测方法

　　基于 YOLOV3 对门、窗二维位置检测算法的流程如图 3-16 所示，先对图像进行预处理获取训练样本集，然后将其输入 YOLOV3 网络训练模块。网络训练模

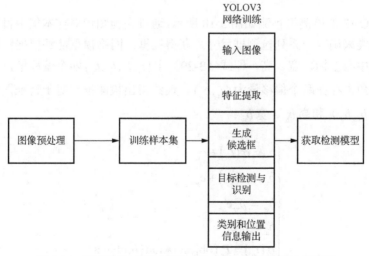

图 3-16　基于 YOLOV3 对门、窗二维位置检测算法的流程

块从功能的角度又分为四个主要部分，首先利用卷积神经网络（convolutional neural network，CNN）提取输入图像的特征，其次对特征层上的目标进行候选框预测，再次通过 CNN 对生成的候选框进行修正、优化、检测和识别，最后输出目标物的类别和位置信息，获取训练完成的检测模型，为后续实时检测提供基础。

1. 边界预测策略

YOLO 的基本思想是，将输入图像划分为 $S \times S$ 的网格，若在网格中检测到目标的中心点，则由该网格对其位置信息进行检测，计算该网格的置信度分数，筛选出得分最高的候选框输出。YOLO 基本思想如图 3-17 所示。

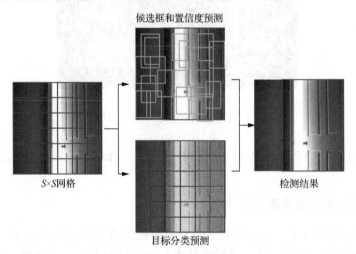

图 3-17　YOLO 基本思想

YOLOV3 的检测框预测如图 3-18 所示，通过先验知识对样本集中目标的真实框进行聚类来确定一系列检测框尺寸，获得锚框。网络模型能够根据锚框预测出检测框的中心坐标、宽、高，即式（3-29）中 $\left(t_x, t_y, t_w, t_h\right)$ 四个偏移量，并假设特征图左上角也存在两个偏移量为 (c_x, c_y)，最终得出检测框相对于特征图的中心位置坐标 $\left(b_x, b_y\right)$ 和高 b_h、宽 b_w：

$$\begin{cases} b_x = \sigma\left(t_x\right) + c_x \\ b_y = \sigma\left(t_y\right) + c_y \\ b_w = p_w \mathrm{e}^{t_w}_i \\ b_h = p_h \mathrm{e}^{t_h}_i \\ \sigma\left(t_o\right) = P_r\left(\text{object}\right) * \text{iou}\left(b, \text{object}\right) \end{cases} \tag{3-29}$$

式中，$\sigma(\cdot)$ 函数能够将检测框中心坐标的偏移量压缩至区间 $[0,1]$，这样保证了目标中心存在于可执行预测的网格中，不会产生过多偏移；iou($\cdot$) 表示计算两个框的交并比。假设每个网格单元负责预测的检测框数量为 B，目标物类别为 C，则预测值为一个 $\left(S \times S \times \left(B \times (4+1) + C\right)\right)$ 的张量，其中 "4" 表示检测框的 4 个偏移量，"1" 表示置信度分数。

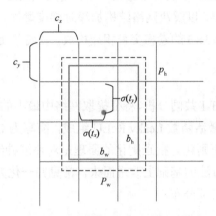

图 3-18　YOLOV3 的检测框预测

置信度分数定义为

$$\begin{cases} \text{置信度分数} = P_r(\text{object}) * \text{iou}_{\text{pred}}^{\text{truth}} \\ \text{iou}_{\text{pred}}^{\text{truth}} = \dfrac{\text{预测框} \bigcap \text{标注框}}{\text{预测框} \bigcup \text{标注框}} \end{cases} \tag{3-30}$$

式中，$P_r(\text{object})$ 用来判断当前预测的检测框中存在目标对象或者仅为背景的概率；$\text{iou}_{\text{pred}}^{\text{truth}}$ 是在当前检测框中存在目标对象的前提下，其预测框与标注框之间的 IOU（交并比）。

当网格中存在目标对象时，每个检测框中特定类别的置信度分数如下所示：

$$P_r(\text{Class}_i|\text{object}) * P_r(\text{object}) * \text{iou}_{\text{pred}}^{\text{truth}} \tag{3-31}$$

式中，$P_r(\text{Class}_i|\text{object})$ 表示对象条件类别概率，是检测框认为当前网格中存在待检测物体情况下所有类别的概率。通过逻辑回归计算出检测框中不同类别可能的概率，进而得出检测框预测的置信度分数，并对分数排序。当同一种类中多个候选框的 IOU 值大于设定的阈值时，即判定其为待检测物体的所属分类，再通过非

极大值抑制进行筛选，选出置信度分数最高的候选框，将其类别和位置信息作为最后的检测结果输出。

2. YOLOV3 网络模型结构

YOLOV3 主干网络分为特征提取网络和目标检测网络两部分，延续了 YOLOV2 所使用 Darknet-19 的骨干结构，并利用残差网络中跳跃连接的结构代替全连接层和全部池化层，以解决网络结构加深时梯度爆炸，训练无法收敛的问题。网络模型由大量 1×1 和 3×3 的卷积交替相连构成，在特征提取部分共 53 层，便以此命名为 Darknet-53。

1）特征提取网络

结合图 3-19 和表 3-1 共同分析，特征提取网络中最小的组件由卷积层（Conv）、批正则化（BN）以及激活函数 Leaky ReLU 组成，简写为 CBL。YOLOV3 的改进亮点之一是使用了批正则化。批正则化的原理是对每层神经网络输入进行归一化处理，在常见归一化方法的基础上改进而来。常见归一化方法如式（3-32）所示，会破坏网络学习到的特征分布。

$$\hat{x}^{(k)} = \frac{x^{(k)} - E\left[x^{(k)}\right]}{\sqrt{\mathrm{Var}\left[x^{(k)}\right]}} \tag{3-32}$$

式中，$x^{(k)}$ 为每层神经网络中第 k 维输入。基于此 BN 引入了可学习参数 γ、β，通过变换重构来实现归一化处理，如式（3-33）所示：

$$\begin{cases} y^{(k)} = \gamma^{(k)} \hat{x}^{(k)} + \beta^{(k)} \\ \gamma^{(k)} = \sqrt{\mathrm{Var}\left[x^{(k)}\right]} \\ \beta^{(k)} = E\left[x^{(k)}\right] \end{cases} \tag{3-33}$$

式中，$y^{(k)}$ 为每层神经网络中第 k 维输出。

BN 的存在解决了在训练时需要人为地不断调整学习率、权重衰减系数等参数的问题，其在训练的时候能够让网络使用更大的学习率，由此让训练速度得以提升，并且在训练时挑选样本数据能够实现完全随机，以防出现一个样本被多次挑选的问题。

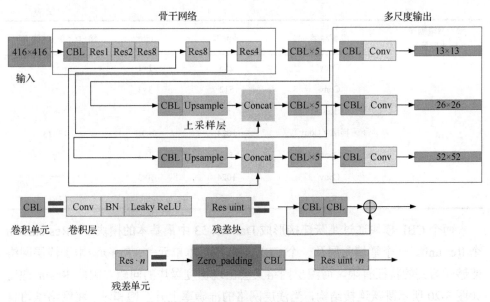

图 3-19　YOLOV3 主干网络模型

表 3-1　Darknet-53 网络结构

骨干网络顺序 （模块数量）	卷积种类	滤波器	尺寸	输出/（像素×像素）
1	卷积层（Conv）	32	3×3	416×416
1	下采样层（Conv）	64	3×3/2	208×208
	Conv	32	1×1	—
1	Conv	64	3×3	—
	残差连接（Res）	—	—	208×208
1	下采样层（Conv）	128	3×3/2	104×104
	Conv	64	1×1	—
2	Conv	128	3×3	—
	Res	—	—	104×104
1	下采样层（Conv）	256	3×3/2	52×52
	Conv	128	1×1	—
8	Conv	256	3×3	—
	Res	—	—	52×52
1	下采样层（Conv）	512	3×3/2	26×26

续表

骨干网络顺序 （模块数量）	卷积种类	滤波器	尺寸	输出/（像素×像素）
	Conv	256	1×1	—
8	Conv	512	3×3	—
	Res	—	—	26×26
1	下采样层（Conv）	1024	3×3/2	13×13
	Conv	512	1×1	—
4	Conv	1024	3×3	—
	Res	—	—	13×13

两个 CBL 模块通过跳跃连接形成 Darknet-53 中最基本的模块——Res unit。n 个 Res unit、一个零填充层及一个 CBL 层形成基本单元——Res·n。由于浅层网络能够学习到的特征有限，而深层网络又会出现梯度爆炸的问题，因此 Res·n 通过如图 3-20 所示跳跃连接结构，当浅层网络的准确率上升至饱和时，将网络学习目标从期望输出 $H(x)$，转变为学习输入与输出之间的残差 $F(x)$，当再次面临准确率饱和的问题时，输入 x 与输出 $H(x)$ 之间为一个恒等映射，网络的性能会因为恒等映射的存在而保持原有的水平，减少原始图像信息在网络传递之间的损耗，且并不会增加训练集自身误差带来的学习误差。Res·n 在不增加网络额外计算量的同时，同样能够提升训练和检测的速度及效果，并解决了网络退化的问题。

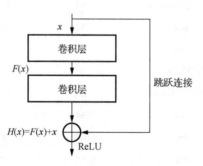

图 3-20　跳跃连接结构

2）目标检测网络

浅层网络中能够提取到的特征语义信息较少，但对目标位置信息的学习结果更加准确；深层网络中随着图像分辨率不断下降，感受野会不断扩大，因此存在更丰富的语义特征信息，但经过五次下采样处理后，由于图像分辨率减小，目标的位置信息相对来说存在缺失，因此 YOLOV3 在目标检测网络部分借鉴了特征图像金字塔的思想，将特征金字塔模型与深度卷积网络进行多尺度特征融合，如图 3-21 所示，从不同的网络深度中抽取不同尺度的特征图像进行预测。

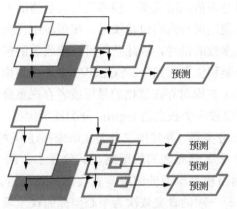

图 3-21　多尺度特征融合

三个不同尺度的输出特征图的大小分别为 13×13、26×26、52×52。如图 3-19、图 3-21 所示，输入特征图在经过五次下采样后获得了大小为 13×13 的浅层输出特征图，为了实现细粒度的检测，在此基础上经过步长为 2 的上采样层获得大小为 26×26 的深层特征图，其与特征提取网络中第 61 层特征图维度相同，因此将两者进行融合生成第二个尺度的输出特征图，最大程度地补充位置信息。同理，大小为 52×52 的特征图是大小为 26×26 的深层特征图与第 36 层浅层特征图相结合后产生的。利用深层特征来实现检测不仅能够提高网络精度，还能减少参数的学习，提高实时性。

YOLOV3 通过聚类思想，根据在样本集中标注的样本框尺寸来获得先验框的大小，为了实现多尺度输出，给每个尺寸的输出特征图分别配备三个尺寸的锚框，共计九个，如表 3-2 所示，小尺寸的特征图感受野较大，配合大尺寸的检测框，应用于门和近端窗的位置检测；反之，大尺寸的特征图感受野较小，适合远端窗的检测。

表 3-2　样本框聚类结果

类别	特征图尺寸		
	13×13	26×26	52×52
感受野	大	中	小
先验框尺寸	（116×90）	（30×61）	（10×13）
	（156×198）	（62×45）	（16×30）
	（373×326）	（59×119）	（33×23）

3. 损失函数

损失函数的作用是评估网络模型中预测值与真实值的差异程度，损失函数越小，该网络模型的预测结果与真实值越接近。在训练中损失函数值的波动可以作为调整权重以及训练参数的信号，以此获得可快速收敛的模型，降低训练成本。目标检测的任务是分类和位置回归，在 YOLOV3 中不再使用 SoftMax 分类器来进行分类，因为 SoftMax 在面对存在遮挡的目标或者存在重叠的多个目标时效果并不好，且 SoftMax 可以被多个独立的 logistic 分类器所代替。因此，为了实现多标签训练，改用 logistic 分类器，并使用二分交叉熵来描述分类损失函数。二分交叉熵可以用来描述两个概率分布之间的距离，其值越小、两个概率分布越近，则损失函数值越小、网络模型学习的结果与真实结果越相近。损失函数的表达式如式（3-34）所示，每一项的含义依次为中心坐标的误差项，宽、高尺寸的误差项，候选框中是否存在物体的置信度误差项及分类误差项。

$$
\begin{aligned}
\text{Loss} =\ & \lambda_{\text{coord}} \sum_{i=0}^{S^2} \sum_{j=0}^{B} I_{ij}^{\text{obj}} \left[\left(x_i - \hat{x}_i^j \right)^2 + \left(y_i - \hat{y}_i^j \right)^2 \right] \\
& + \lambda_{\text{coord}} \sum_{i=0}^{S^2} \sum_{j=0}^{B} I_{ij}^{\text{obj}} \left[\left(\sqrt{w_i^j} - \sqrt{\hat{w}_i^j} \right)^2 + \left(\sqrt{h_i^j} - \sqrt{\hat{h}_i^j} \right)^2 \right] \\
& - \sum_{i=0}^{S^2} \sum_{j=0}^{B} I_{ij}^{\text{obj}} \left[\hat{C}_i^j \ln C_i^j + \left(1 - \hat{C}_i^j \right) \ln \left(1 - C_i^j \right) \right] \\
& - \lambda_{\text{noobj}} \sum_{i=0}^{S^2} \sum_{j=0}^{B} I_{ij}^{\text{noobj}} \left[\hat{C}_i^j \ln C_i^j + \left(1 - \hat{C}_i^j \right) \ln \left(1 - C_i^j \right) \right] \\
& - \sum_{i=0}^{S^2} I_{ij}^{\text{obj}} \sum_{c \in \text{classes}} \left[\hat{P}_i^j \ln P_i^j + \left(1 - \hat{P}_i^j \right) \ln \left(1 - P_i^j \right) \right]
\end{aligned}
\tag{3-34}
$$

式中，I_{ij}^{obj} 表示第 i 个网格中的第 j 个边界候选框对该目标负责，即其形状、尺寸与待检测目标相符合；I_{ij}^{noobj} 表示第 i 个网格中第 j 个边界候选框不负责该目标；$\hat{C}_i^j$ 表示参数置信度，由 I_{ij}^{obj} 和 I_{ij}^{noobj} 共同决定；λ_{coord} 表示保证训练初期阶段稳定收敛的比例因子。

4. 数据集与试验结果

所用试验数据分为两部分，一部分是公共数据集，另一部分是基于试验场景拍摄的多角度、多状态图片，共 1105 张。为了保证样本的多样性和数据的真实性，没有对数据集的尺寸做过多要求，保持获取图片时的原有尺寸，部分数据集如

图 3-22 所示,图 3-22(a)、(b)、(c)分别为常规图片、使用手机拍摄的图片和使用单目相机拍摄的图片。在这些图片中,按照 8∶2 的比例将样本集分为训练集和测试集,又将训练集中 25%的样本分为交叉验证集,用于在训练时对阶段性学习结果进行验证。

(a)常规图片

(b)手机拍摄图片

(c)单目相机拍摄图片

图 3-22　部分数据集

所采用数据集格式均与公开数据集 VOC2007 相同,由 Annotations、ImageSets、JPEGImages 和 Labels 四个文件夹组成,其分别存放用开源工具 LabelImg 对目标位置进行标注而生成的含有图像相关信息的.XML 文件,训练集、测试集与交叉验证集各自包含的图片名称,数据集原图,以及根据.XML 文件生成的便于网络进行学习的数据文件。.XML 文件如图 3-23 所示,包含图像宽高、目标类别、目标的真实框左上及右下的坐标信息。对应.XML 文件生成的 Label 文件中本章待检测目标的"door"为"0"、"windows"为"1",并根据由标注得来的目标真实框坐标信息换算得到其相应的中心坐标、宽高信息,更符合损失函数设计以及检测框回归策略。.XML 文件处理后对应结果如表 3-3 所示。

```
<annotation verified="no">
 <folder>JPEGImages</folder>
 <filename>34</filename>
 <path>F:\darknet-master\darknet-master\build\darknet\VOCdevkit2007\VOC2007\JPEGImages\34.jpg</path>
 <source>
  <database>Unknown</database>
 </source>
 <size>
  <width>400</width>
  <height>503</height>
  <depth>3</depth>
 </size>
 <segmented>0</segmented>
 <object>
  <name>door</name>
  <pose>Unspecified</pose>
  <truncated>0</truncated>
  <Difficult>0</Difficult>
  <bndbox>
   <xmin>66</xmin>
   <ymin>39</ymin>
   <xmax>340</xmax>
   <ymax>495</ymax>
  </bndbox>
 </object>
</annotation>
```

图 3-23　.XML 文件

表 3-3　.XML 文件处理后对应结果

类别	真实框中心坐标	真实框宽、高
0	(0.505,0.529)	0.685、0.907

试验通过图形处理器（graphics processing unit，GPU）加速进行训练，使用的硬件平台为 NVIDIA GTX 1080TI 显卡，其内存为 16GB，操作系统为 Ubuntu16.04，深度学习框架为 Darknet-53。在训练中涉及的相关主要参数包括 batch、subdivisions、momentum、decay、learning_rate 以及 ignore_thresh。batch 是指在批训练中每一批更新训练参数的样本数量；subdivisions 是在 batch 的基础上帮助减轻显卡负担的参数，如果显存不够则将 batch 分割为 subdivisions 个子 batch 来代替，对本试验所用计算机的内存、显卡性能等因素进行多重考虑，在本书试验中将 batch 设为 32，subdivisions 设为 8；momentum 表示动量参数，对梯度下降到局部最优的速度有所影响，将其取值为 0.9；decay 表示权重衰减正则系数，用来防止训练过程中过拟合的现象，取值 0.0005；learning_rate 为初始学习率，其过大会导致学习结果超过最优解，太小会使损失函数的下降速度变得过慢，因此本章取值 0.01；ignore_thresh 表示在非极大值抑制中 IOU 的阈值，取值为 0.5。

本章训练中设置的初始参数均一致，目的是保证对比试验的有效性。试验中前 9000 次训练的损失函数如图 3-24 所示，可看出其值大部分已经下降到 0.1 以下，YOLOV3 检测结果如表 3-4 所示。

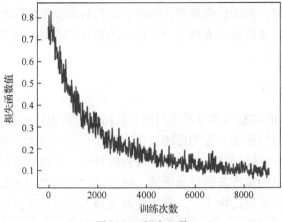

图 3-24　损失函数

表 3-4　YOLOV3 检测结果

目标类型	平均精度/%	平均各类精度/%	检测时间/s
门	67.5	44.21	13.007
窗	20.9	—	—

可看出，尽管门的检测精度较高，达到 67.5%，但是对于窗来说，检测精度较低，为 20.9%，且会存在漏检和错检的情况。如图 3-25 所示，自制数据集部分

（a）公共数据集1

（b）公共数据集2

（c）自制数据集1

（d）自制数据集2

图 3-25　YOLOV3 部分检测结果

的检测结果均较好，但通过收集图片获得的公共数据集检测情况却有好有坏，或是将门误当成窗，或是对公寓楼上尺寸较小的窗视而不见，或是对门的检测框还包含了其他背景干扰物。

3.3.2　DSPP-YOLO

由 3.3.1 小节的试验结果可看出门的检测精度与窗相比要好很多，分析原因有如下三点：一是与门相比，窗为透明物体，且没有面积较大、颜色较为固定的明显特征，因此卷积神经网络在窗中能学习到的特征，会随着背景的变化而改变，换言之，不同背景的窗拥有的特征不同，在网络学习的过程中难以找到通用特征作为识别窗种类、位置的标志；二是一些特定种类的门与窗具有共同特征，如玻璃门与落地窗、带窗的门，如此情况在网络进行学习时会对标签结果有所干扰；三是不同的窗之间尺寸、面积存在较大的差异，如图 3-26 所示，甚至在一些高楼样本图像中，窗户由于尺寸过小、分辨率过差，具有小目标的特点，即小于 32×32 个像素点的目标，由于近端窗与远端窗之间、窗与门之间的尺寸差异，设计的卷积神经网络要兼顾门的语义信息的鉴别与远端窗位置信息的确定，一味地加深网络深度只会导致小尺寸远端窗的特征信息在深层网络中由于下采样而消失，从而造成检测精度下降。

图 3-26　不同样本中尺寸差异较大的目标图

基于以上三点原因，在 YOLOV3 的基础上，对网络结构、候选框、多尺度输出进行修改和优化，使检测网络能够学习到更多的浅层信息，在保证门检测精度的基础上提升窗的检测精度。

1. 基于密集连接的网络结构设计

密集连接网络是在残差网络的基础上提出的[114]，但两者不同的是，残差网络通过跳跃连接的方式，从网络深度的角度来处理梯度消失的问题，而密集连接网络通过对特征图反复利用来减少参数的使用量,从而优化学习结果。密集连接网络中参数传递的机制是让网络中所有卷积层之间都存在直接连接,每一层卷积的输入为所有上层卷积输出的和,与此同时其输出也会作为后面每一卷积层的部分输入,这种直接连接各个卷积层的方式能够最大程度地实现信息传递。将前层的信息直接添加进后层作为一部分输入,能够让前层网络中远端窗最原始的位置、语义等特征信息在深层网络中得以保留,同时可以学习到更多关于门的语义特征。

密集连接网络的组成部分为密集块(dense block)、瓶颈层(bottleneck layer)以及过渡层(transition layer)。其中,密集块与 CBL 模块的结构类似,由 BN 层、ReLU 层以及卷积层组成,其为密集连接层与层之间的集合,如图 3-27 所示。设在网络第 n 层中存在一个密集块,其第 n 层共有 n 个输入,其输出作为输入被传入其余 $n-1$ 层中,则该密集块包含的连接数量为 $n\times(n+1)/2$,而其输出表达式如下所示:

$$x_n = H_n\left(\left[x_0, x_1, x_2, \cdots, x_{n-1}\right]\right) \tag{3-35}$$

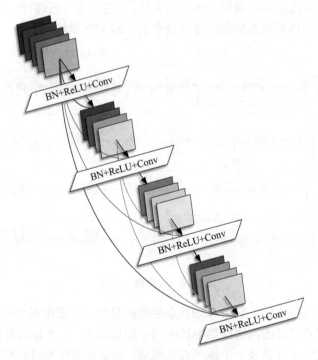

图 3-27　密集块结构示意图

同一密集块中输出特征图的尺寸均与输入特征图维度一致,因此密集连接能够让每一卷积层的输入都包含前面学习到的所有抽象特征,而不同密集块之间输入与输出的维度不一致,设一个密集块中存在 k 个通道、每层产生 m 张特征图、增长速度为a，则在这一密集块第l层中存在的特征图个数为$k+(m-1)a$，由此可见密集连接会导致特征图重复使用，进而会加大运算负荷，因此在每一密集块的最后一层添加瓶颈层，并在每一密集块后添加过渡层对输出特征图进行降维，共同解决输出信息过宽的问题。

综上所述，密集连接网络具有网络结构窄、学习参数少、缓解梯度消失、加强特征传播、对学习到的特征重复利用等优点。利用上述优点，将其与 Darknet-53 相结合，对 YOLOV3 的网络结构进行优化[110]。优化分为三部分，其网络结构如图 3-28 所示。首先，将 Darknet-53 原有的 Res·n 模块改进成 Des·n 模块，这一改动是为了将浅层网络中学习到的远端窗的位置信息叠加到深层网络的输入特征中，解决多次下采样后远端窗位置信息缺失的问题，使其能够得到多次并更有效的利用；其次，在原有的第三个输出尺寸 52×52 的基础上对其进行上采样，并与第11层的特征图相连接，结合生成第四个输出尺寸为104×104的特征图，正如前文所述，大尺寸特征图感受野较小，适合对尺寸较小的目标进行检测，因此四个尺寸的输出特征图能够兼顾尺寸相差较大的门、近端窗与远端窗之间的位置检测；最后，在骨干网络后面添加空间池化金字塔，即 SPP 模块。

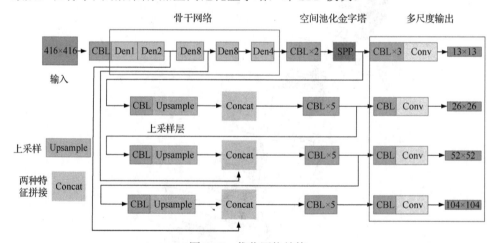

图 3-28　优化网络结构

SPP 模块（图 3-29）借鉴了图像金字塔的思想，主要由多个不同步长的池化层组成，在本章设计的网络框架中其由三个步长为 1，尺寸分别为 5×5、9×9、13×13 的最大池化层以及一个跳跃连接组成。SPP 模块能够使网络在保证多尺寸输入的同时还能保证学习精度，同时 SPP 模块中最大池化核的尺寸与最后一个 Den·n 模块输出的特征图尺寸相同，能够使局部特征与全局特征融合，丰富了特征图的表达能力，实现了多重感受野融合，使本章数据集中存在的门、窗尺寸差异较大的问题得到良好的优化，SPP 模块是独立的结构，仅在骨干网络 Darknet-53

的结尾部分添加，对整体网络结构没有更大的影响。将经上述改进后形成的网络构架命名为 DSPP-YOLO。

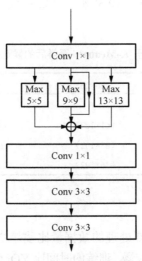

图 3-29　SPP 模块结构

2. 基于 K-Means++聚类对锚框进行优化

锚框为一组大小固定、宽高比例固定的初始候选框，其存在的意义是解决同一网格中存在多个目标对象的问题。初始候选框选取得好坏对目标检测的速度、位置精度有很大的影响。利用 K-Means++算法对样本标注集中的样本框长宽进行聚类，并根据 3.3.2 小节对多尺度输出的改动，计算第四个尺度输出特征图的锚框尺寸，将锚框的总个数增加到12个。

K-Means++算法是在 K-Means 算法的基础上实现的，二者的区别在于 K-Means 算法在最开始已经设定好了聚类中心的个数，而 K-Means++算法假设已经有 n 个点作为初始聚类中心，在选择第 $n+1$ 个初始聚类中心时会优先选取与前 n 个中心点距离较远的点，是个简单但有效的改进。K-Means++算法的步骤分为以下三步。

步骤 1：在数据集中随机选取某一样本作为初始聚类中心 C_1。

步骤 2：对每个样本点与当前聚类中心之间的最短距离进行计算，以 $D(x)$ 表示；对每个样本会被选择为下一个聚类中心的概率做计算，即 $D(x)^2 / \sum_{x \in \chi} D(x)^2$，再以轮盘法对其进行选择，得出下一个聚类中心。

步骤 3：重复步骤 2，直到选择出给定数量 K 的聚类中心后停止计算。

在 K-Means++算法中样本点与聚类中心之间的最短距离以其欧氏距离进行计算比较，在改进的 YOLOV3 算法中利用真实框与初始候选框之间的交并比作为聚类依据，基于 *K*-Means++聚类后的候选框尺寸结果如表 3-5 所示，重新聚类后生成新候选框的平均 IOU 值为 75.01%，与改进的 YOLOV3 算法使用的原始候选框数据的平均 IOU 值相比提高了 10.85%，由此可见重新生成的候选框与本书所用的数据集更为贴合。

表 3-5　基于 *K*-Means++聚类后的候选框尺寸结果

特征图尺寸	13×13	26×26	52×52	104×104
感受野	大	中	较小	小
	（199×279）	（61×167）	（44×90）	（24×32）
先验框尺寸	（145×195）	（83×102）	（16×105）	（18×16）
	（97×218）	（36×102）	（26×55）	（6×24）

3.　试验结果

由于密集连接的结构需要处理的数据量比残差块要大，因此 DSPP-YOLO 和 YOLOV3 相比在收敛速度上较慢，训练的时间比 YOLOV3 长，其损失函数如图 3-30 所示，检测精度如表 3-6 所示。

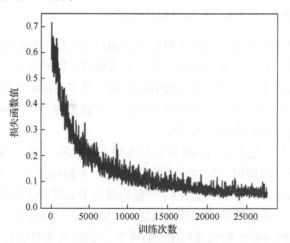

图 3-30　DSPP-YOLO 损失函数

表 3-6　DSPP-YOLO 检测精度

目标类型	平均精度/%	平均各类精度/%	检测时间/s
门	73.6	52.2	12.207
窗	30.8	—	—

采用 DSPP-YOLO，与采用 YOLOV3 相比，门的平均精度提升 6.1%，窗的平均精度提升 9.9%，平均各类精度提升 7.99%，同样张数的图片对应的检测时间相差不大。DSPP-YOLO 部分检测结果如图 3-31 所示，可看出 DSPP-YOLO 能够对原网络中漏识别的类小目标——远端窗，以及错识别——将整张图像当作门而实际为窗，进行改正。

图 3-31　DSPP-YOLO 部分检测结果

3.3.3　基于 Darknet 的三维位置检测方法

三维目标检测是在二维目标检测的基础上发展而来的，主要基于激光雷达或视觉传感器进行扫描、拍摄，以获得场景中的点云数据，并进行处理。点云数据庞大且无序，无论是直接处理还是转换成其他形式，都会存在占用内存资源或者信息丢失的问题，且三维检测框的角度取值范围是 $(0°,180°)$，当物体旋转 $180°$ 后，检测框的位置仍保持不变。因此，本书在 Darknet 的网络框架上，首先预测三维检测框在二维空间中投影的坐标，再进行解算获得其在三维空间中的坐标，以此来估计待检测物体的 6D 位姿，实现三维检测。

1. 网络结构

利用 YOLO 估计物体的 6D 位姿是在 Darknet-19 的框架基础上实现的，如表 3-7 所示。与 Darknet-53 相同的是，Darknet-19 使用了批正则化来缓解梯度消失、增加训练收敛速度；整个特征提取网络由大量 1×1、3×3 的卷积层组成，共

19 层，并且同样经历了 5 次下采样；Darknet-19 也没有设置全连接层以实现多尺寸输入。与 Darknet-53 不同的是，Darknet-19 通过最大池化层来对输入图像进行下采样操作，而不是通过步长为 2 的卷积层来完成特征图尺寸的改变，并且利用平均池化层来代替全连接层，实现局部特征与全局特征的融合。Darknet-19 实现多尺度特征融合的方式是在特征提取网络的最后 1 层与第 16 卷积层之间添加一个跳跃连接，然后通过将不同层的特征图进行拼接（passthrough）来提取细颗粒度特征。passthrough 层能够将第 16 卷积层中尺寸为 $26 \times 26 \times 512$ 的输出特征图，分别按照行、列进行隔点采样，得到 4 张尺寸为 $13 \times 13 \times 512$ 的特征图，特征图重排后与深层网络中学习到的特征图进行拼接，将浅层网络的小尺寸感受野与大尺寸感受野融合。

表 3-7　Darknet-19 网络结构

卷积种类	滤波器	尺寸	输出/（像素×像素）
卷积层（Conv）	24	3×3	416×416
最大池化层（Max Pooling）	—	2×2/2	208×208
Conv	48	3×3	208×208
Max Pooling	—	2×2/2	104×104
Conv	64	3×3	104×104
Conv	32	1×1	104×104
Conv	64	3×3	104×104
Max Pooling	—	2×2/2	52×52
Conv	128	3×3	52×52
Conv	64	1×1	52×52
Conv	128	3×4	52×52
Max Pooling	—	2×2/2	26×26
Conv	512	3×3	26×26
Conv	256	1×1	26×26
Conv	512	3×3	26×26
Conv	256	1×1	26×26
Conv	512	3×3	26×26
Max Pooling	—	2×2/2	13×13
Conv	1024	3×3	13×13
Conv	512	1×1	13×13

续表

卷积种类	滤波器	尺寸	输出/（像素×像素）
Conv	1024	3×3	13×13
Conv	512	3×3	13×13
Conv	1024	3×3	13×13
Conv	1000	1×1	13×13
Avg Pooling	—	—	1000
SoftMax	—	—	—

6D 位姿估计中的检测框预测策略和二维目标检测一样：先将 RGB 图像划分为 $S \times S$ 的单位网格，当待测物体的中心点落到网格内时，就由该网格负责预测，如图 3-32 所示。在三维检测中，单位网格需要对待检测物体预测 C 个类别、一个置信度分数，以及九个位置坐标，其中包含一个中心点和 3D 检测框的八个顶点，所以在 6D 位姿估计中输出张量为 $S \times S \times (9 \times 2 + 1 + C)$。

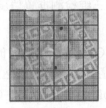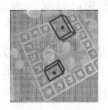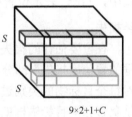

$9 \times 2 + 1 + C$

图 3-32　6D 位姿估计检测框预测

在检测框预测的过程中，同样不直接预测中心点与顶点的坐标值。顶点与中心点不同，中心点的偏移量一定会落在当前单位网格内部，对于八个顶点来说，加上偏移量之后可能会落在其他单位网格中。因此，对于中心点和顶点来说，坐标偏移量均可以用式（3-36）来表示，其中（c_x, c_y）表示单位网格的坐标。对于中心点来说，$f(\cdot)$ 为 sigmoid 函数，压缩网格输出；对于顶点来说，$f(\cdot)$ 表示恒等函数。

$$\begin{cases} g_x = f(x) + c_x \\ g_y = f(y) + c_y \end{cases} \tag{3-36}$$

在 YOLOV2 中置信度计算公式和 YOLOV3 一样，如式（3-36）所示。由于在 3D 检测框中计算真实框与预测框之间的交并比非常繁琐，因此在 3D 空间中重新定义置信度计算函数，如式（3-37）所示：

$$\text{confidence} = \begin{cases} \dfrac{\mathrm{e}^{\alpha\left(1-\frac{D_T(x)}{d_{\text{th}}}\right)}-1}{\mathrm{e}^{\alpha}-1}, & D_T(x) < d_{\text{th}} \\ 0, & \text{其他} \end{cases} \quad (3\text{-}37)$$

式中，$D_T(x)$ 表示预测的二维坐标值与真实坐标值之间的欧几里得距离；d_{th} 表示提前设定的阈值，以像素为单位，使置信度函数不是一个简单的单调递减线性函数。当预测框与真实框之间的坐标越接近时，二者每个点坐标之间的 $D_T(x)$ 就越小，而置信度函数与 $D_T(x)$ 之间成反比关系，因此置信度分数越大，该预测框就越接近真实框。同时，式（3-37）中坐标点的置信度分数为单个坐标，在实际应用中要将中心点和顶点的九个置信度分数的平均值作为最终的置信度得分。

2. 损失函数

损失函数是在 YOLOV2 的基础上根据 3D 检测框的特性以及置信度分数的变化进行改进的，如式（3-38）所示：

$$\text{Loss} = \lambda_{\text{pt}}\text{Loss}_{\text{pt}} + \lambda_{\text{conf}}\text{Loss}_{\text{conf}} + \lambda_{\text{id}}\text{Loss}_{\text{id}} \quad (3\text{-}38)$$

式中，Loss_{pt} 表示位置损失；$\text{Loss}_{\text{conf}}$ 表示三维检测框置信度损失；Loss_{id} 表示分类损失。

在位姿估计的损失函数中不包含 YOLOV2 损失函数中的"不负责预测目标锚框的置信度损失"部分。位姿估计的损失函数 Loss_{6D} 的表达式如式（3-39）所示，对每个目标物的类别进行回归使用的是 SoftMax 函数。式（3-39）中，四项依次是负责预测目标锚框的坐标损失、负责预测目标锚框的置信度损失、不负责预测目标锚框的置信度损失以及负责分类损失。在位置损失预测部分，从 YOLOV2 中对检测框中心点、宽高的损失计算，变成了计算 3D 检测框中心点、顶点的偏差。在对位姿估计网络进行训练时，由于一开始置信度分数的预测很不准确，可以在开始训练的 batch 中将 λ^{conf} 项设为零，当置信度分数趋于稳定时再分别设 $\lambda_{\text{obj}}^{\text{conf}} = 5$、$\lambda_{\text{noobj}}^{\text{conf}} = 0.1$。

$$
\begin{aligned}
\text{Loss}_{\text{6D}} = {} & \lambda_{\text{obj}}^{\text{coord}} \sum_{i}^{S^2} \sum_{j}^{B} I_{ij}^{\text{obj}} \sum_{n=1}^{9} \left(x_{ij}^{\text{pred}} - x_{ij}^{\text{obj}}\right)_n^2 \\
& + \lambda_{\text{obj}}^{\text{conf}} \sum_{i}^{S^2} \sum_{j}^{B} I_{ij}^{\text{obj}} \left[\text{conf}_{ij}^{\text{pred}} - \text{iou}\left(\text{box}_{ij}^{\text{pred}}, \text{box}_{ij}^{\text{truth}}\right)\right]^2 \\
& + \lambda_{\text{noobj}}^{\text{conf}} \sum_{i}^{S^2} \sum_{j}^{B} I_{ij}^{\text{noobj}} \left(\text{conf}_{ij}^{\text{pred}} - 0\right)^2 \\
& + \sum_{i}^{S^2} \sum_{j}^{B} I_{ij}^{\text{obj}} \left[p_{ij}^{\text{pred}}(c) - p_{ij}^{\text{truth}}(c)\right]^2
\end{aligned}
\quad (3\text{-}39)
$$

式中，x_{ij}^{pred} 表示预测位置；x_{ij}^{obj} 表示真实位置；$\mathrm{conf}_{ij}^{\mathrm{pred}}$ 表示预测置信度；$\mathrm{box}_{ij}^{\mathrm{pred}}$ 表示预测框；$\mathrm{box}_{ij}^{\mathrm{truth}}$ 表示真实框；$p_{ij}^{\mathrm{pred}}(c)$ 表示预测目标类别；$p_{ij}^{\mathrm{truth}}(c)$ 表示真实目标类别；$\mathrm{iou}(\cdot)$ 表示计算两个框的交并比。

3. 数据集与试验结果

本章使用 Line Mod 数据集进行试验评估，Line Mod 是 6D 目标位姿估计标准数据集，包含不同复杂背景、不同光照条件以及不同纹理的目标图像。6D 位姿估计的评估指标有三个：2D 投影指标、ADD 指标以及 5cm5°。2D 投影指标用来计算检测框顶点与真实框顶点之间投影的平均距离。ADD 指标用来描述检测框与真实框之间的 3D 平均距离。5cm5° 指平移误差不超过 5cm、旋转误差不超过 5°，用来评估位姿估计模型的精度，评估结果如表 3-8 所示。三维目标检测结果如图 3-33 所示。

表 3-8　模型评估结果　　　　　　　　　　（单位：%）

目标类型	2D 投影指标	ADD 指标	5cm5°
猫	93.81	40.30	41.32
猿猴	93.24	20.95	42.19
打孔机	83.14	61.84	61.25
相机	86.37	29.51	51.37
平均值	89.14	38.15	49.03

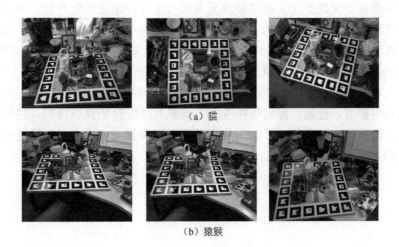

（a）猫

（b）猿猴

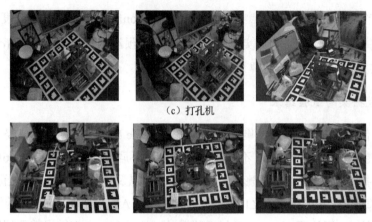

(c) 打孔机

(d) 相机

图 3-33 三维目标检测结果

由三维目标检测结果可以看出,真实框与检测框之间的位姿非常接近。从模型评估指标来分析,2D 投影指标的精度整体优于 ADD 指标以及 5cm5°,几乎都达到80% 以上,可以分析出模型对目标物二维位置的检测结果是很准确的,但是 ADD 指标和5cm5° 的检测结果参差不齐,可以说明根据八个顶点进行 3D 检测框预测这一过程会因为偏移或者检测框的高度不准确而产生较大误差。

3.4 本 章 小 结

本章介绍了传统的地图构建原理和方法,包括栅格地图、八叉树地图、ESDF地图。本章基于优化提出了微型旋翼无人机自主飞行地图构建方法,利用边缘域变换对光照在深度图上造成的空洞进行填补,并进行试验验证,解决了无人机因空洞而规划错误轨迹的问题;针对稠密点云地图全局一致性差、普适性差的问题,在灰度图和深度图中聚类提取面元,并基于面元构建半稠密点云地图,表征微型旋翼无人机所处场景中的物体空间位置关系;针对微型旋翼无人机在未知环境中实现自主搜寻、检测、探索等任务的不同需求,基于 YOLO 框架,进行对特定目标物尺度信息和位姿的估计,最终实现了微型旋翼无人机在室内环境中的三维目标检测。

第 4 章　微型旋翼无人机在线轨迹规划方法

4.1　引　言

敏捷是无人机的优势，尤其是旋翼无人机。无论是手动控制还是自主飞行，无人机都应该以其出色的运动优势而飞得尽可能快。近年来，旋翼无人机实时局部轨迹规划方法快速发展，加上更精准的定位和控制算法配合，使得自主飞行从理论科学研究走向现实应用。

主流的轨迹规划方法可以在未知环境中实现一定速度的自主飞行需求。这些方法一般需要较长计算时间进行冗余环境表示和优化，以生成绝对安全但保守的低速轨迹，这浪费了旋翼无人机的敏捷优势。因此，基于搜索的在线轨迹规划方法，以搜索方式建立初始路径并通过梯度信息不断优化初始路径，在提高规划速度和飞行速度方面具有巨大的潜力，受到越来越多的关注。

无碰撞且动态可行的轨迹是实现自主飞行的关键。然而，大多数方法只注重安全性和可行性，即在生成轨迹时因安全性和可行性忽视了旋翼无人机的敏捷优势，导致生成的轨迹过于保守。因此，激进的局部规划仍然是一个巨大的挑战，这就要求规划器能以更短的时间快速生成更高质量的轨迹，并且保证轨迹的安全性和可行性。

本章从基于搜索的无人机在线轨迹规划方法出发，在介绍经典方法的基础上，引入更激进的基于搜索的在线轨迹规划改进方法，探讨旋翼无人机更快速飞行的可能性，最后通过试验对比验证所提更激进方法的可行性与出色效果。

4.2　基于搜索的微型旋翼无人机在线轨迹规划方法

4.2.1　问题描述

旋翼无人机轨迹规划是实现自主飞行的关键部分。基于搜索的轨迹规划方法被广泛研究，其中后端约束方式可大致分为硬约束和基于梯度的优化方法。

为了提高规划的成功率，文献[115]找到了一条高质量的无碰撞初始路径作为前端，并在考虑动力学约束的情况下提高了轨迹质量。上述工作使用 ESDF 来获得与附近障碍物保持安全距离所需的梯度大小和方向。生成 ESDF 需要占据大量的计算资源且必须面向全局，而大部分全局 ESDF 信息对于局部规划来说是无用的。其中，为了获得更快的规划速度，如何表示梯度信息而取代传统 ESDF 表示对提高规划效率至关重要。由此，文献[84]提出了一种无须构建 ESDF 地图的基于搜索和梯度优化的局部规划器，该规划器将碰撞轨迹与无碰撞引导路径进行比较，以在惩罚函数中生成原本使用 ESDF 表示的碰撞（距离）成本并生成梯度信息，从而将碰撞轨迹"推"出障碍物之外。然而，本方法仍然有很多缺点，一方面，不完整的梯度信息生成策略使得初始轨迹需要较多次的优化迭代才能生成可执行的轨迹，浪费了大量的规划时间。另一方面，为了解决轨迹的不可行性而引入的适应度成本项使得整个轨迹过于保守，浪费了无人机的敏捷性。此外，适应度成本项会改变轨迹的长短，需要反复进行障碍检查和安全优化，也在一定程度上增加了本就宝贵的规划时间。

　　本书提出一种更完善的方法来改善以上问题[116]。考虑到旋翼无人机的动力学约束，使用 Hybrid-A*算法代替原本的 A*算法，从而生成更高质量的引导路径。生成绝对无碰撞的引导路径后，初始轨迹中被困在障碍物中的控制点被无碰撞的引导路径点替换，由此减少了必要的优化迭代次数，有效提高了规划速度。此外，本章还创新性地提出了时间跨度成本项。一方面，本方法在尽量不损失轨迹激进程度的情况下解决原始轨迹和初始优化后轨迹的不可行性。另一方面，本方法使得通过均匀 B 样条进行表示的轨迹时间跨度更接近于动力学极限，从而提升了规划轨迹的整体速度。

4.2.2　基于搜索的激进式在线轨迹规划改进方法

1. B 样条曲线

　　样条曲线（spline curve）是一种分段多项式函数。B 样条是通过一组指定点集而生成的平滑曲线。B 样条可通过适量 B 样条基函数 $B_j^p(u)$ 的线性组合获得

$$s(u) = \sum_{j=0}^{m} Q_j B_j^p(u), \quad u_{\min} \leqslant u \leqslant u_{\max} \tag{4-1}$$

式中，系数 $Q_j(j=0,1,\cdots,m)$ 称为控制点，这些控制点可由给定数据集的逼近/插值条件求得。

设 $u = \left[u_0, \cdots, u_{n_{knot}}\right]$ 为节点向量，且 $u_j \leqslant u_{j+1}$，则第 j 个 p 次 B 样条基函数的递归形式定义如下：

$$\begin{cases} B_j^0(u) = \begin{cases} 1, & u_j \leqslant u \leqslant u_{j+1} \\ 0, & \text{其他} \end{cases} \\ B_j^p(u) = \dfrac{u - u_j}{u_{j+p} - u_j} B_j^{p-1}(u) + \dfrac{u_{j+p+1} - u}{u_{j+p+1} - u_{j+1}} B_{j+1}^{p-1}(u), \quad p > 0 \end{cases} \tag{4-2}$$

式中，$B_j^p(u)$ 是分段多项式，其中 $\forall u \in \left[u_{\min}, u_{\max}\right]$。区间 $\left[u_i, u_{i+1}\right)$ 称为第 i 个节点区间，区间长度可能为 0，此时节点是重合的。

B 样条基函数归一化为

$$\sum_{j=0}^{m} B_j^p(u) = 1, \quad \forall u \in \left[u_0, u_{n_{knot}}\right] \tag{4-3}$$

在每个节点区间 $\left[u_i, u_{i+1}\right)$ 中，最多有 $p+1$ 个基函数 $B_j^p(u)$ 不为零。

B 样条曲线有如下性质。

（1）一个时间段内的轨迹由有限的点决定。如图 4-1 所示，当 B 样条曲线阶数为 3 时，在 $[u_3, u_4)$ 时间段内曲线只受到控制点 Q_0、Q_1、Q_2、Q_3 的作用。

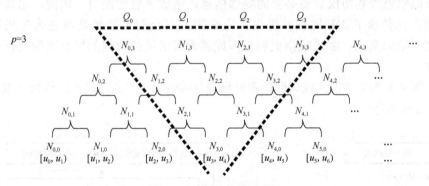

图 4-1　B 样条曲线性质 1

（2）凸包性质（convex hull property）。如图 4-2 所示，只要控制点均在可行性检测框（图中虚线矩形框）内，则整条曲线也会保持在检测框内。

（3）B 样条曲线的导数仍然是 B 样条曲线。如式（4-4）所示，对高阶轨迹表达式求导，可得到物理含义的速度 V_i、加速度 A_i、加加速度 J_i 等信息，且还是 B 样条曲线，方便利用 B 样条曲线的凸包性质。

$$V_i = \frac{Q_{i+1} - Q_i}{\Delta t}, \quad A_i = \frac{V_{i+1} - V_i}{\Delta t}, \quad J_i = \frac{A_{i+1} - A_i}{\Delta t} \tag{4-4}$$

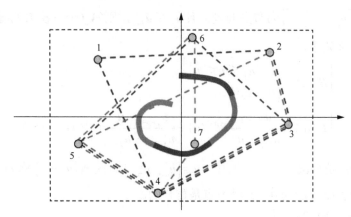

图 4-2　B 样条曲线性质 2

图中数字为控制点编号

2. 无欧氏距离场的实时在线局部轨迹规划

在轨迹规划工作中，欧氏距离场（ESDF）主要用来提供安全距离信息，即无人机当前位置与周围最近局部障碍物的距离。如上文所述，构建 ESDF 地图需要耗费大量计算时间，并且由于 ESDF 地图的构建不可避免地必须从全局入手，而在线轨迹规划却仅需要必要的局部信息，造成了资源浪费。因此，用其他高效的方式替换 ESDF 地图并提供优化必需的安全距离信息是激进式在线轨迹规划方法的重点。激进式指更能发挥旋翼无人机敏捷特性的更快速的飞行规划特性。

图 4-3 为以当前主流无欧氏距离场为基础规划框架的激进式在线轨迹规划改进方法流程图[116]。

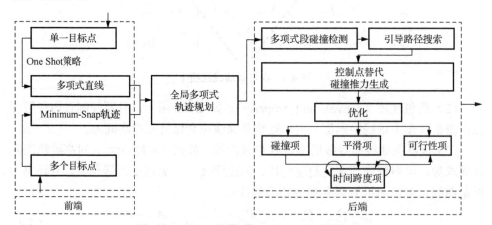

图 4-3　激进式在线轨迹规划改进方法流程图

本章以文献[84]采用的前后端分步轨迹规划框架为基础进行针对激进性的改进，即在前端规划一个初始的全局多项式轨迹，并在后端根据局部环境信息进行局部轨迹优化。

在前端，当目标点个数唯一时，本章采用 One Shot 策略，直接用多项式直线（平滑变化的速度和恒定的加速度）表示全局轨迹，以确保轨迹为直线最短。当存在多个目标点并需要按一定顺序到达时，本章生成一条 Minimum-Snap 轨迹[76]作为全局轨迹来平滑连接目标点。需要特别指出的是，在前端生成的全局多项式轨迹是忽略环境信息的，即只保证能够经过或到达目标点，而忽略轨迹是否发生碰撞。

在后端，本章仅在传感器范围内的局部环境中逐段检查是否发生碰撞。当发生碰撞时，Hybird-A*在局部环境中进行搜索，获得一条绝对免碰撞的路径作为引导路径。在生成引导路径（实质上是相同距离间隔的路径点）后，本书使用引导路径点替换原始轨迹中陷在障碍物中的控制点，并生成包含大小和方向的防碰撞梯度信息。总的来说，后端轨迹优化分为两个阶段。在第一阶段，规划器对初始轨迹进行安全性、平滑性和可行性的优化，以快速生成高质量轨迹。在第二阶段，时间跨度项以理想时间间隔作为起始优化条件不断优化第一阶段轨迹。因此，规划器在保证整条轨迹安全性、平滑性和可行性下最终生成了更激进的速度更快的轨迹。

3. 局部规划器设计

1）距离梯度信息生成

（1）控制点替换。

B 样条曲线的本质是通过拟合控制点 Q_i 和节点跨度 Δt_n 而得到的多项式函数。如上文所述，在前端，本章首先得到了一个全局多项式轨迹，在此过程中忽略了起点到途经点（包括目标点）中的环境障碍，因此初始轨迹本质上是一条满足终端约束而不考虑局部碰撞的 B 样条曲线。规划器在无人机行进过程中不断迭代检查 B 样条曲线每个段是否处在障碍物中。当碰撞发生时，规划器会生成一条无碰撞的 Hybrid-A*路径。Hybrid-A*算法最初被用于为自动驾驶汽车生成平滑的路径，本章用它来找到一条平滑但接近于障碍物的引导路径，用于替换无碰撞控制点并生成高质量的距离梯度信息。

如图 4-4 所示，当控制点处于障碍物中时，会生成一条 Hybrid-A*路径作为绝对无碰撞的引导路径，该引导路径起始于最后一个没有进入障碍物的控制点，终止于第一个出障碍物的控制点。文献[84]使用 A*算法生成碰撞时的引导路径。如图 4-5 所示，文献[84]所用方法会生成不光滑的低质量梯度，并导致后端优化的更多次迭代，由此引起的问题将在下文详细分析。

在得到绝对无碰撞的引导路径后，本书采用替换策略，如图 4-6 所示，按照一定的数量匹配关系用对应的引导路径点替换障碍物中的原始控制点。

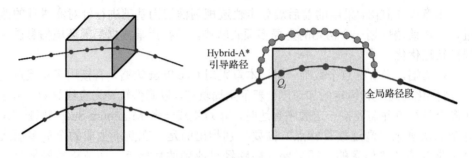

图 4-4　当检测到发生碰撞时生成 Hybrid-A*引导路径

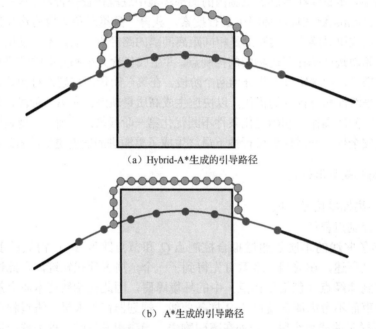

（a）Hybrid-A*生成的引导路径

（b）A*生成的引导路径

图 4-5　引导路径生成效果对比

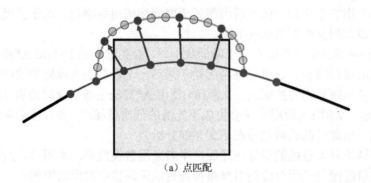

（a）点匹配

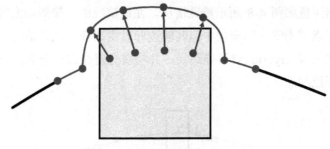

（b）新控制点的生成

图 4-6　控制点替换

图 4-6 展示了关于控制点替换的具体方法。引导路径点根据陷在障碍物中控制点的数量进行平均分配，随后对应的引导路径点将替换控制点而作为新的在障碍物外的控制点序列。

新生成的 B 样条曲线虽然已经无碰撞，但其部分轨迹离障碍物太近，对四旋翼飞行器的安全威胁较大。因此，利用距离梯度信息来优化当前轨迹以提高其平滑度和动力学可行性是绝对必要的。在第 98 页具体介绍如何通过改进的新控制点和相应的旧控制点定义必要的距离梯度信息，而并非传统方法使用预构建的 ESDF地图。

（2）防碰撞梯度生成。

前文中，本书已经获得新的替换后的控制点和旧的陷在障碍物中控制点的信息，它们一对一相互组合，可以被视为一对排斥力点集。受文献[115]提出的人工势场方法的启发，本书将旧控制点建模为排斥力的源头，它产生一个仅向外并推向相应新控制点的排斥力场。

防碰撞梯度包含梯度大小 d_i 和方向 v_i。如图 4-7 所示，估计新旧控制点之间的欧氏距离以表示梯度大小，而用其连接向量表示梯度的方向。

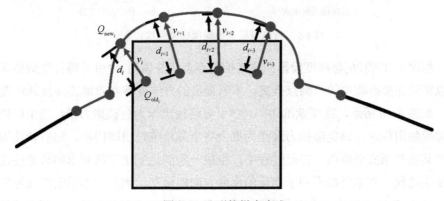

图 4-7　防碰撞梯度生成

需要特别注意如图 4-8 所示特殊情况。在该情况中，障碍物太薄导致初始全局轨迹的控制点并不陷于障碍物中但其轨迹却发生碰撞。在此情况下，使用与前文相同的方式生成 Hybrid-A*引导路径，并将引导路径点一分为三，以中间两点作为细化的新控制点。

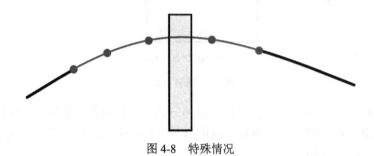

图 4-8　特殊情况

如图 4-9 所示，此情况下在定义防碰撞力后，需要交换梯度方向以确保靠近障碍物的新控制点沿着正确方向被推离障碍物。

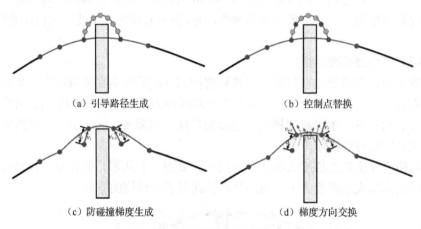

（a）引导路径生成　　　　　　　　　（b）控制点替换

（c）防碰撞梯度生成　　　　　　　　　（d）梯度方向交换

图 4-9　特殊情况下免碰撞梯度生成过程

相比于文献[86]将梯度投影到碰撞控制点上，并使用 A*引导路径生成估计梯度以将陷在障碍物中的控制点推离，本书提出的方法能够有效地提高规划速度。

如图 4-10 所示，在文献[86]中，A*引导路径点作为免碰撞力源，当全局轨迹被障碍物困住时，该免碰撞力源作为推力将全局轨迹拉出障碍物，然后转化为斥力将其推开至安全距离。在此过程中，生成一条满足安全距离要求的轨迹往往需要多次迭代，其中包括不利于优化的梯度方向的转变。因此，本书创造性地使用 Hybrid-A*算法来生成更合理的引导路径，并采用控制点替换策略，以更高质量的梯度信息优化绝对安全的路径，通过生成对优化更友好的梯度信息进行更少次数的迭代来提高整体规划速度。

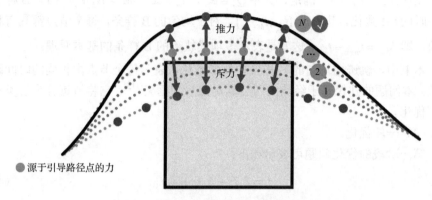

（a）文献[86]中由于不合理的定义而引发多次迭代优化

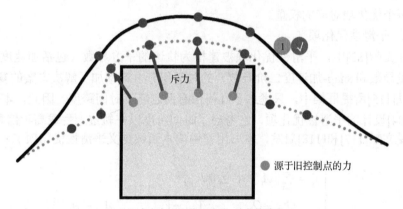

（b）本书方法几乎只需要一次优化迭代

图 4-10　免碰撞梯度生成方法效果对比

2）针对更快飞行的时间间隔激进式优化

目前大多数方法过于保守，浪费了无人机的敏捷性。毫无疑问，本章需要根据无人机的实际运动能力来设置动力学限制。一个能够真正执行的高质量轨迹必须满足动力学可行性，这就要求整个轨迹规划的最大速度 v_{max} 和最大加速度 a_{max} 不超过预先设定的限制。然而，当前的方法过度优化了可行性成本以生成更为保守的轨迹，从而浪费了四旋翼的敏捷性。

因此，本章将优化分为两个阶段。在第一阶段，针对安全性、平滑性和可行性对初始轨迹进行优化。在第二阶段，本书提出一个时间跨度项来提高整个轨迹在动力学约束下的速度，使其尽可能接近理想的最大速度 v_{max}。

（1）问题建模。

B 样条是一个分段多项式，由阶数 p_b、一组控制点 $\{Q_0, Q_1, \cdots, Q_N\}$ 和一个节点向量 $[t_0, t_1, \cdots, t_M]$ 唯一确定，其中 $Q_n \in \mathbb{R}^3$，$t_m \in \mathbb{R}$，$M = N_c + p_b + 1$。B 样条轨迹由时间 t 参数化，其中 $t \in [t_{p_b}, t_{M-p_b}]$。对于均匀的 B 样条，每个节点都具有相同的值，即 $\Delta t_m = t_{m+1} - t_m$，这就是表示多项式轨迹的 B 样条的基本原理。

本书中，轨迹由均匀的 B 样条曲线参数化，表示每个节点由相同的时间跨度分隔。本问题的建模基于经典的四旋翼局部规划框架[115]，它将轨迹分为三类指标进行优化。

（2）一轮优化。

第一阶段的优化问题可表示如下：

$$f = \lambda_s f_s + \lambda_c f_c + \lambda_d f_d \tag{4-5}$$

式中，f_s、f_c 和 f_d 分别为平滑性、碰撞性和动力学可行性优化项；λ_s、λ_c 和 λ_d 分别为每个优化项对应的权重。

① 平滑性优化项 f_s。

在文献[83]中，平滑性优化项被建模为轨迹的平方导数（包括加速度、jerk-加速度导数和 snap-加速度二阶导数）的时间积分，这增加了解决方案的复杂性。在文献[115]所提框架中，只考虑了几何信息而忽略了时间跨度。因此，本章采用文献[84]设计的平滑性优化项，它考虑了时间跨度以在轨迹上生成高阶信息。

受文献[117]和[118]启发，本书用弹性成本函数定义平滑性优化项 f_s：

$$\begin{cases} f_s = \sum_{i=1}^{N_c-1} \| A_i \|_2^2 + \sum_{i=1}^{N_c-2} \| J_i \|_2^2 \\ V_i = \dfrac{Q_{i+1} - Q_i}{\Delta t}, \quad A_i = \dfrac{V_{i+1} - V_i}{\Delta t}, \quad J_i = \dfrac{A_{i+1} - A_i}{\Delta t} \end{cases} \tag{4-6}$$

式中，V_i 为通过相邻控制点计算得到的速度；加速度 A_i、加加速度 J_i 通过相邻控制点 Q_{i-1}、Q_i 和 Q_{i+1} 计算得到，用来表示轨迹的几何信息并充分考虑时间跨度 Δt。B 样条曲线的凸包特性，使其能够通过仅对控制点进行优化来实现对整条多项式曲线的优化，从而减少所需计算量。由此，通过最小化对轨迹真正执行更友好的平滑性优化项 f_s 而生成一条更光滑的轨迹。

② 碰撞性优化项 f_c。

在文献[84]中，梯度的不合理定义使用于优化碰撞的"力"的估计复杂化，其中用于成本计算的距离值可能为负。因此，本章通过控制点重定义策略将距离值严格限制在正值范围内，从而简化了碰撞项的计算。本章通过估计 Q_{new_i} 和 Q_{old_i} 之间的欧氏距离 d_i 来表示梯度的大小。

因此，碰撞性优化项 f_c 定义为

$$
\begin{cases}
f_\mathrm{c} = \sum\limits_{i=1}^{N_\mathrm{c}} f_{\mathrm{c},i} \\
f_{\mathrm{c},i} = \begin{cases} 0, & d_i \geqslant d_\mathrm{s} \\ (d_\mathrm{s} - d_i)^3, & 0 \leqslant d_i < d_\mathrm{s} \end{cases}
\end{cases}
\tag{4-7}
$$

式中，d_s 为预先设置的安全距离；$f_{\mathrm{c},i}$ 为各个控制点对应的碰撞成本。在此基础上，为了进一步方便优化，在实际执行时，通过对式（4-7）求导生成更友好的二次连续可微的代价函数。

③ 动力学可行性优化项 f_d。

旋翼无人机具有微分平坦特性[76]，能够通过在各个维度上分别限制轨迹的高阶导数来确保轨迹可行性。此外，由于 B 样条的凸包特性，可以通过约束控制点的导数来约束整条轨迹。

因此，动力学可行性优化项 f_d 的表示形式被设计为

$$
f_\mathrm{d} = \sum_{i=1}^{N_\mathrm{c}} \lambda_v F(V_i) + \sum_{i=1}^{N_\mathrm{c}-1} \lambda_a F(A_i) + \sum_{i=1}^{N_\mathrm{c}-2} \lambda_j F(J_i)
\tag{4-8}
$$

式中，λ_v、λ_a 和 λ_j 分别为对应优化项的权重；$F(\cdot)$ 为控制点高阶导数的二次连续可微度量函数，其公式如下：

$$
F(\cdot) = \sum_{p=x,y,z} f(c_p)
\tag{4-9}
$$

式中，$c_p \in C \in \{V_i, A_i, J_i\}$；$f(c_p)$ 被进一步设计为

$$
f(c_p) = \begin{cases}
a_1 c_p^2 + b_1 c_p + c_1, & c_p \leqslant -c_j \\
(-\lambda c_m - c_p)^3, & -c_j < c_p < -\lambda c_m \\
0, & -\lambda c_m \leqslant c_p \leqslant \lambda c_m \\
(c_p - \lambda c_m)^3, & \lambda c_m < c_p < c_j \\
a_2 c_p^2 + b_2 c_p + c_2, & c_p \geqslant c_j
\end{cases}
\tag{4-10}
$$

式中，a_1、b_1、c_1、a_2、b_2、c_2 表示为保证二次连续性设置的参数；c_m 表示求导限制；c_j 表示二次区间和三次区间的边界；λ 表示在 0~1 取值的灵活的柔性系数，以使最后的结果满足约束。

（3）二轮时间间隔优化。

保守的轨迹规划导致四旋翼无人机在环境中低速飞行，浪费了其敏捷性。因

此，本节提出了一个新的时间跨度优化项，创造性地将时间跨度 Δt 考虑到二次优化中。

　　与贝塞尔曲线不同，B 样条曲线中的 Δt 不限于[0,1]。如图 4-11 所示，对于两个控制点之间距离相同的均匀 B 样条曲线，改变时间跨度 Δt 并不会改变 B 样条曲线的空间形状，但会影响整个轨迹的速度和加速度。

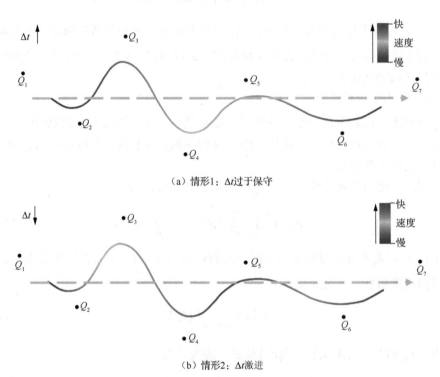

图 4-11　不同时间跨度 Δt 下不同的轨迹速度表现

　　因此，在第一次优化确定曲线空间特性后，继续优化轨迹可以保证无人机能在动力学极限下更快地飞行，而不用担心二次优化会造成碰撞。本章通过第一次优化生成了一条平滑、安全但保守的轨迹，能确保每个控制点 Q_i 的特定位置。基于此轨迹，本节设计了一个时间跨度优化项，以使轨迹速度更接近激进运动的极限。

　　由于第一次优化后控制点的位置固定，最小跨度时间可以通过两个相邻控制点 Q_i、Q_{i+1} 之间的距离和极限速度 $v_{\max}$ 来计算：

$$\begin{cases} T = \min \| Q_{i+1} - Q_i \|, & i \in 1, 2, \cdots, N-1 \\ t_{\min} = \max(T_p), & p \in x, y, z \end{cases} \quad (4\text{-}11)$$

因此，时间跨度优化项可定义为

$$\begin{cases} f_t = k_t (t - t_{\min})^2 \\ t_{\min,\text{new}} = k_p \cdot t_{\min,\text{old}} \end{cases} \tag{4-12}$$

式中，f_t 为用于第二阶段优化的参数，将检查轨迹的可行性；k_t 为增益系数。如果速度或加速度超出 $v_{\max}$ 或 $a_{\max}$ 的限制，将进行二次优化迭代，并将最小跨度时间 $t_{\min,\text{old}}$ 乘以一个比例因子 k_p。图 4-12 展示了更激进的优化过程。

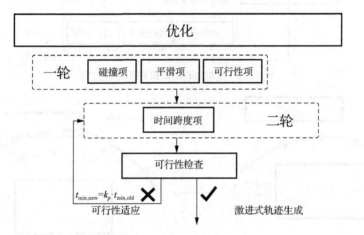

图 4-12　更激进的优化过程

在优化的第一阶段，将初始化的全局轨迹快速优化为基本满足飞行要求的安全轨迹。在此之后，第二阶段继续以可忽略的时间成本优化第一阶段生成轨迹（包括整体速度和动力学可行性的提升），以实现比经典的基于梯度的优化方法更快地生成更激进的轨迹。

时间跨度优化项的创建，一方面简化了可行性代价项梯度优化后轨迹不严格满足可行性的自适应问题，另一方面在允许的范围内合理地提高了整个轨迹的速度，使轨迹更激进。本章将本书方法与经典的 ESDF-Free 局部规划方法[84]进行比较，以更好地说明本书方法的先进性。

如图 4-13 所示，经典的基于梯度的 ESDF-Free 局部规划方法提出了一种各向异性曲线拟合算法来调整轨迹的高阶导数以提高轨迹质量，其优化过程更为保守。

适应性优化项能够解决动力学不可行问题，但它有其他不容忽视的缺点。首先，如图 4-14 所示，适应性优化项 f_t 结合平滑性和动力学可行性进行再次优化，这会改变原本轨迹的形状和大小，因此可能会发生不良的新碰撞，从而产生再次的重复性优化。其次，复杂的优化过程增加了规划时间，降低了规划的实时性。最后，重复和保守的优化会导致生成更长轨迹，降低规划的飞行速度。

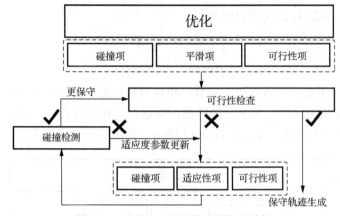

图 4-13　文献[84]中更保守的优化过程

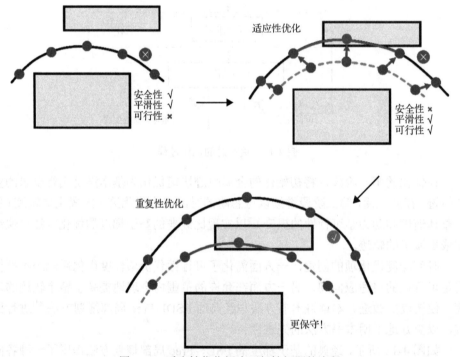

图 4-14　适应性优化解决可行性问题的流程

4.2.3　试验

1. 仿真分析

通过仿真试验验证本书方法，并将其与经典的 ESDF-Free 局部规划方法 Ego-Planner[84]进行比较。如图 4-15 所示，仿真试验在 3 个不同障碍物密度的 5m×20m×3m 的复杂地图中进行测试。

图 4-15　用于测试的仿真地图细节

如表 4-1 所示，两种方法使用几乎相同的参数，其不同之处仅在于存在不同优化项的权重因子。此外，仿真试验中传感器的 FOV 设置为[80°×60°]，最大感知距离为 4.5m。

表 4-1　仿真试验中的参数设置

参数	λ_s	λ_c	λ_d	λ_f	λ_t
本书方法	1.0	0.8	0.1	—	1.0
Ego-Planner	1.0	0.8	0.1	0.2	—

注：λ_i 是 f_i 的系数。

本章将所有仿真测试的起点设置为（-12,0,1），将终点设置为（12,0,1）。旋翼飞行器在飞行过程中需要在预先设定的动力学限制下安全避开不同密度的障碍物。规划时间是指规划器生成期望的局部轨迹所需的平均时间，它反映方法的轻便性和规划速度。飞行时间、最大飞行速度和平均飞行速度反映期望轨迹的高维速度信息和执行中的真实速度，衡量方法的激进程度。本章在低、中和高密度障碍物环境下进行了仿真测试，结果如图 4-16～图 4-18 所示，指标对比如表 4-2～表 4-4 所示。

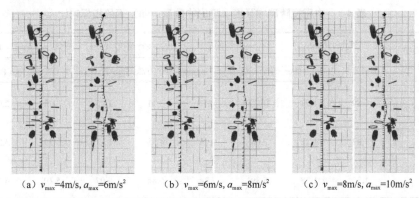

（a）v_{max}=4m/s, a_{max}=6m/s² 　　　（b）v_{max}=6m/s, a_{max}=8m/s² 　　　（c）v_{max}=8m/s, a_{max}=10m/s²

图 4-16　低密度障碍物环境（障碍物数量：30）下不同动力学限制的仿真结果

各分图中，左图为本书方法结果，右图为 Ego-Planner 方法结果

表 4-2　　低密度障碍物环境（障碍物数量：30）下的指标对比

动力学限制设置	规划时间/s		飞行时间/s		最大飞行速度/（m/s）		平均飞行速度/（m/s）	
	本书方法	Ego-Planner	本书方法	Ego-Planner	本书方法	Ego-Planner	本书方法	Ego-Planner
$v_{max}=4m/s$ $a_{max}=6m/s^2$	0.87	0.89	8.42	11.83	3.30	3.04	2.89	2.12
$v_{max}=6m/s$ $a_{max}=8m/s^2$	0.91	0.90	5.71	7.35	5.23	4.74	4.28	3.54
$v_{max}=8m/s$ $a_{max}=10m/s^2$	0.92	0.93	4.21	5.14	6.35	5.82	5.78	5.03

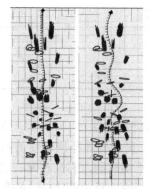 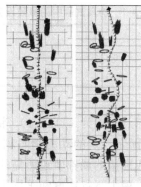 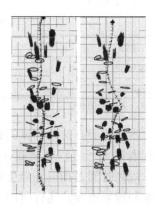

（a）$v_{max}=4m/s$, $a_{max}=6m/s^2$　　（b）$v_{max}=6m/s$, $a_{max}=8m/s^2$　　（c）$v_{max}=8m/s$, $a_{max}=10m/s^2$

图 4-17　中密度障碍物环境（障碍物数量：50）下不同动力学限制的仿真结果

各分图中，左图为本书方法结果，右图为 Ego-Planner 方法结果

表 4-3　　中密度障碍物环境（障碍物数量：50）下的指标对比

动力学限制设置	规划时间/s		飞行时间/s		最大飞行速度/（m/s）		平均飞行速度/（m/s）	
	本书方法	Ego-Planner	本书方法	Ego-Planner	本书方法	Ego-Planner	本书方法	Ego-Planner
$v_{max}=4m/s$ $a_{max}=6m/s^2$	0.89	1.03	10.29	14.79	3.11	2.90	2.53	2.04
$v_{max}=6m/s$ $a_{max}=8m/s^2$	1.02	1.22	7.63	9.95	4.98	4.31	3.79	3.26
$v_{max}=8m/s$ $a_{max}=10m/s^2$	1.35	1.78	5.89	7.34	5.84	5.07	5.10	4.65

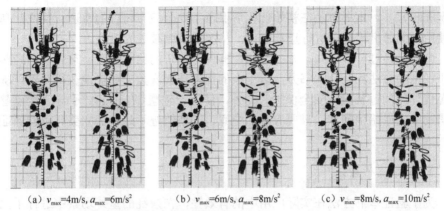

（a）v_{max}=4m/s, a_{max}=6m/s^2　　　　（b）v_{max}=6m/s, a_{max}=8m/s^2　　　　（c）v_{max}=8m/s, a_{max}=10m/s^2

图 4-18　高密度障碍物环境（障碍物数量：70）下不同动力学限制的仿真结果

各分图中，左图为本书方法结果，右图为 Ego-Planner 方法结果

表 4-4　高密度障碍物环境（障碍物数量：70）下的指标对比

动力学限制设置	规划时间/s		飞行时间/s		最大飞行速度/（m/s）		平均飞行速度/（m/s）	
	本书方法	Ego-Planner	本书方法	Ego-Planner	本书方法	Ego-Planner	本书方法	Ego-Planner
v_{max} = 4m/s a_{max} = 6m/s^2	1.89	2.09	16.44	20.99	2.96	2.71	2.05	1.87
v_{max} = 6m/s a_{max} = 8m/s^2	2.57	2.78	10.91	15.60	4.33	4.12	3.22	2.90
v_{max} = 8m/s a_{max} = 10m/s^2	4.37	—	8.78	—	5.78	—	4.19	—

　　通过三组仿真试验的对比，可以总结出如下结论：①相比 Ego-Planner，本书提出的方法生成了相对笔直的轨迹，这受益于更灵活的梯度信息生成策略和时间跨度项的重复性优化。②如表 4-2～表 4-4 所示，在各种条件下，本书方法的性能（规划和飞行速度）始终优于 Ego-Planner。③障碍物越密集的环境，本书方法的优势越明显。④Ego-Planner 无法在 70 个障碍物、v_{max} = 8m/s、a_{max} = 10m/s^2 的情况下生成可执行轨迹，本书方法在此恶劣环境中仍能生成安全且可执行的轨迹。

　　本章分析了本书方法在空旷和杂乱复杂的环境中能保持相对较好表现的原因：

　　（1）当无人机处于完全空旷的环境中且周围没有障碍物时，碰撞成本始终为 0，但如果整个轨迹的速度变小，可行性成本会下降。这就是无人机在几乎没有障碍物的区域不合逻辑地减速的原因。因此，本章提出时间跨度成本来改善这种不合理的保守规划，使速度得到提升。

　　（2）当无人机处于杂乱复杂的环境中时，Ego-Planner 的反复迭代优化使得轨迹能够安全避免碰撞并满足动态可行性，但这种方式增加了规划时间并使轨迹过于保守和冗长。本书方法在初始优化后保留了安全但不可行的轨迹，并在此基础上使用时间跨度优化项进行重新优化，从而生成更激进的轨迹。

此外，经过分析可知，本书方法能够保持稳定的原因如下：首先，与经典的基于梯度的方法相比，本书方法以更少的优化迭代次数来更快地获得轨迹，从而避免优化时间过长触发安全保护。此外，使用无碰撞 Hybrid-A*引导路径点替换障碍物中的原始控制点，只要有可行空间，即使轨迹不是那么完美，也能保证规划的成功率。

2. 实机飞行验证

为了验证本书方法在实际应用中的有效性，在杂乱的室外场景中进行了大量的真实世界实机试验，并将本书方法与 Ego-Planner 进行了比较。旋翼无人机经典的控制器[76]被用于轨迹跟踪，所有实机试验由自设计的微型旋翼无人机完成。硬件配置如表 4-5 所示，紧凑型自主飞行平台在实际应用中的表现如图 4-19 所示。

表 4-5 硬件配置

硬件类别	型号名称
飞行控制器	CUAV V5+
双目深度相机	RealSense D435i
电机	TMotor F60
电调	Hobbywing XRotor
机载计算机	Manifold 2C（i7-8th）

图 4-19 紧凑型自主飞行平台在实际应用中的表现

真实世界的实机试验是在如图 4-20 所示杂乱无章的树林中进行测试的。在每个试验中（包括本书方法和 Ego-Planner），要求无人机到达预先设定的距离起点 30m 远的终点。参数设置与仿真中的一样。

图 4-20　真实测试环境

为了验证本书所提在真实世界中提高整体轨迹速度的方法，在相同的动力学限制 $v_{max} = 2\text{m/s}$，$a_{max} = 3\text{m/s}^2$ 下，本书方法和 Ego-Planner 方法进行了对比测试。两种规划方法在真实世界中的表现比较如图 4-21 所示，具体测试指标如表 4-6 所示。总体轨迹和局部细节都表明，与 Ego-Planner 相比，本书方法可以生成更激进的理想轨迹。

在真实世界的实机试验中，本书方法获得了与仿真试验相似的结果，验证了本书方法的适用性。在相同的动态限制下，本书提出的方法可以生成更具攻击性的轨迹，同时满足安全性和可行性。此外，与 Ego-Planner 相比，本书方法规划速度和整体轨迹速度都有所提高。

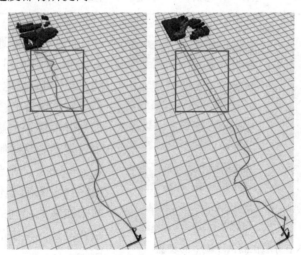

（a）实线代表的真实的执行轨迹（左：Ego-Planner。右：本书方法）

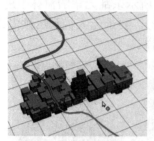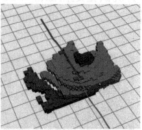

（b）在局部规划中的细节对比1（左：Ego-Planner。右：本书方法）

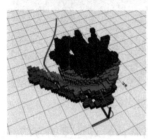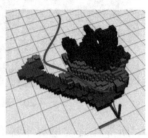

（c）在局部规划中的细节对比2（左：Ego-Planner。右：本书方法）

图 4-21　Ego-Planner 和本书方法在真实世界中的表现比较

表 4-6　真实世界测试指标

动力学限制设置	规划时间/s		飞行时间/s		最大飞行速度/（m/s）		平均飞行速度/（m/s）	
	本书方法	Ego-Planner	本书方法	Ego-Planner	本书方法	Ego-Planner	本书方法	Ego-Planner
$v_{max} = 2\text{m/s}$ $a_{max} = 3\text{m/s}^2$	1.09	1.45	34.48	45.31	1.50	1.37	1.17	0.89

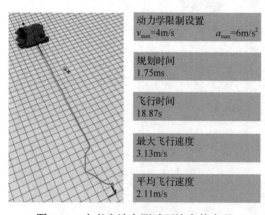

动力学限制设置
$v_{max} = 4\text{m/s}$　　　　　$a_{max} = 6\text{m/s}^2$

规划时间
1.75ms

飞行时间
18.87s

最大飞行速度
3.13m/s

平均飞行速度
2.11m/s

图 4-22　本书方法在测试环境中的表现

此外，本章通过试验测试了真实世界中实机的极限飞行性能，这不可避免地受到平台硬件条件、定位精度和控制精度，以及规划器性能等的影响。在此测试中设置动力学限制为 $v_{max} = 4\text{m/s}$，$a_{max} = 6\text{m/s}^2$。平台使用本书方法能够到达终点，但使用 Ego-Planner 却未能完成相同的任务。本书方法在测试环境中的表现如图 4-22 所示。

4.3　本 章 小 结

本章首先介绍了当前主流的基于搜索的在线轨迹规划方法，在此基础上，通过分析讨论指出了当前主流方法存在规划过于保守，浪费旋翼无人机敏捷特性的问题。因此，本章提出了一种更激进的基于梯度的局部规划器。为了解决这个问题，本书方法更有效地为自由碰撞生成梯度信息，使用 Hybrid-A*引导路径点替换障碍物中的控制点，生成对优化更友好的距离梯度信息。此外，本章还创建了一种新的时间跨度优化项，以在解决不可行性问题的同时快速优化整体的轨迹速度。仿真和实机测试均表明，本书方法能够在动力学限制下有效提升规划速度和飞行速度，实现更激进的自主飞行。

第5章 基于前沿的微型旋翼无人机自主探索

5.1 引 言

无人机自主探索是一个无人机通过自身传感器在未知环境中进行感知并实时构建环境地图的过程。自主探索技术由自主定位、探索决策和轨迹规划三个技术构成，自主定位为旋翼无人机提供定位以及环境信息，探索决策通过已获得的环境信息计算下一个最佳的观测点，之后调用轨迹规划技术使旋翼无人机快速到达观测点，对环境进行建模，直至完成全部探索任务。自主探索流程如图 5-1 所示。

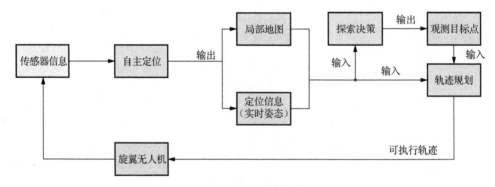

图 5-1 自主探索流程

自主定位（第 2 章）和地图构建（第 3 章）已经在前文介绍，本章主要对面向自主探索的决策方法以及轨迹规划进行研究。目前自主探索技术多数以导航至最近的未知区域、只考虑目标观测点区域的环境信息等贪婪的方式作为探索决策方法，忽略了探索过程中的环境信息增益，效率低下，并且多数方法的轨迹规划技术为了保障飞行的安全性，思路都比较保守，这种保守的规划方法使得旋翼无人机在探索过程中存在多个悬停规划点，飞行不连续，增加探索时间，降低探索效率。为了在自主探索过程中充分利用旋翼无人机的机动性，本章对基于旋翼无人机的自主探索技术进行研究。

根据面向问题的不同，本章主要内容分为两部分：针对飞行过程中环境信息的浪费问题，提出基于飞行过程中环境信息增益的启发式自主探索方法（5.2 节）；

针对现有观测点决策方法导致整体探索效率低的问题，提出基于高斯采样的微型旋翼无人机自主探索观测点生成和决策方法（5.3 节），其中 5.3 节采用 5.2 节中的轨迹规划方法（5.2.3 小节）与偏航角规划方法（5.2.4 小节）。最后，两种探索方法均进行了仿真试验与实机试验。

5.2　基于飞行过程中环境信息增益的启发式自主探索方法

5.2.1　基于双层搜索的微型旋翼无人机自主探索前沿生成方法

本节以传统的基于前沿的（frontier-based）探索方法作为基础框架，该框架存在两个主要问题：第一个是传统前沿检测根据全局地图搜索符合条件的前沿，这样的搜索方法会造成两种缺陷，一是每次都进行全局地图搜索，增大了计算量，会浪费大量时间在搜索上，增加探索时间；二是传感器的感知误差以及定位结果误差会导致在障碍物附近出现一些紧挨着障碍物的前沿，这样的前沿是无效的，浪费计算空间且会增加探索时间。第二个是在搜索出前沿的基础上，选取下一个观测点时，传统方法只考虑当前点到该前沿的距离信息，并没有考虑环境增益等信息，这样会导致传统自主探索走重复的路，增加探索时间。

根据传统的基于前沿的探索方法存在的局限，本节采用基于双层搜索的增量式前沿构建方法，缩短前沿搜索时间，并降低无效前沿数量，并提出一种启发式自主探索方法[119]，利用无人机的偏航角信息最大化环境信息增益，利用由环境信息增益、到前沿位置的代价以及到前沿位置的距离组成的启发式函数构建全局前沿探索顺序，选择下一次探索的最佳前沿，提高探索效率。

1. 双层架构前沿搜索方法

本节得到的三维地图形式为点云地图，但是点云地图为无序的，因此在探索过程中，将点云地图转化为栅格地图进行前沿的搜索，简化搜索过程。为了缩短搜索前沿耗费的时间，本节采用基于双层搜索架构的前沿搜索方法，其流程如图 5-2 所示。

双层架构前沿搜索方法将前沿搜索过程分为前端前沿种子点搜索和后端前沿扩展，具体来说，是将旋翼无人机当前位置作为搜索起点，对局部地图进行栅格化处理，采用 6 邻域联通的方法对整个局部环境进行前沿种子点搜索，若该点周围的 6 个邻居节点中存在未知节点，则认为该点可能是一个前沿点，将其定义为前沿种子点，之后对该前沿种子点进行 26 邻域后端前沿扩展，将邻居点中符合前沿种子点条件的点加入该前沿中，直到该点周围所有前沿点被扩展完，再回到前端前沿种子点搜索对环境中的下一点进行前沿搜索。

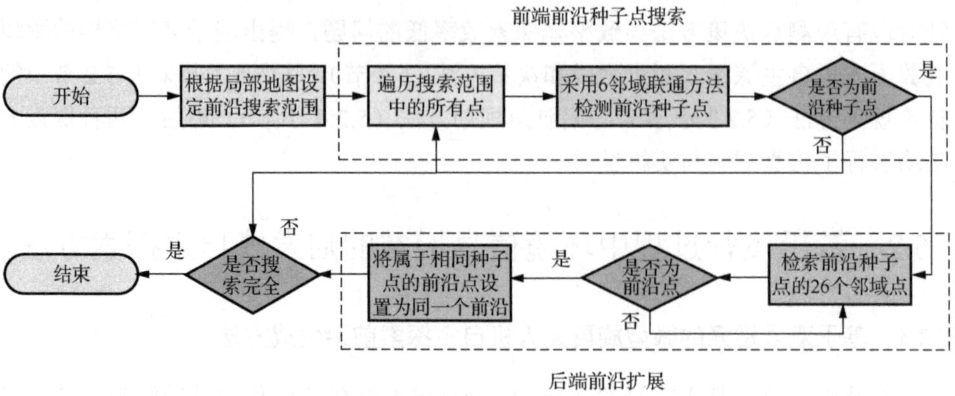

图 5-2　基于双层搜索架构的前沿搜索方法流程

双层前沿搜索算法伪代码如算法 5-1 所示。

算法 5-1　双层前沿搜索算法伪代码

1:	Set :: mapBoundary(t)= Bound($X_{\min-\max}$, $Y_{\min-\max}$, $Z_{\min-\max}$)
2:	FrontierFlag(P)= false
3:	FrtSeedFlag = false
4:	define vector :: VFrontier to save frontier
5:	**for** Point in Bound in **do**
6:	**if** Pt .state == free and FrontierFlag(Pt)== false **then**
7:	frontierFlag(Pt)= true
8:	**for** Point$_{neigh}$ in neighs(Pt) **do**
9:	**if** Point$_{neigh}$ .state == unknow and FrontierFlag(Point$_{neigh}$)== false **then**
10:	FrtSeedFlag = true
11:	break
12:	**end if**
13:	**end for**
14:	**end if**
15:	**if** FrtSeedFlag == true **then**
16:	define vector :: FrtSeed to save Frontier seed
17:	define vector :: FrtCoord to save Frontier Point
18:	FrtSeed .pushback(Pt)
19:	**while**(! FrtSeed .empty())**do**
20:	seed = FrtSeed .top()
21:	get-neighs(seed)
22:	**for** Pt_{neigh} in neighs(seed) **do**

续表

23:	**if** Pt_{neigh} .state == Unknown and satis(Pt_{neigh})== frt **then**
24:	FrtSeed .pushback(Pt_{neigh})
25:	FrtCoord .pushback(Pt_{neigh})
26:	**end if**
27:	**end for**
28:	**end while**
29:	**if** (FrtCoord .size()> threshold)**do**
30:	VFrontier .pushback(FrtCoord)
31:	**end if**
32:	**end if**
33:	**end for**
34:	return　VFrontier

2. 增量式前沿构建

传统的基于前沿搜索的自主探索方法通过对全局地图进行处理来搜索前沿，这样的处理方式效率太过低下，且会产生无效前沿。因此，本节针对无人机携带传感器的探索范围，构建局部地图，搜索局部地图中的前沿，将符合前沿条件的前沿点集合设置为边界，并将新地图中存在的旧前沿从全局前沿列表中删除，加入新前沿，构建增量式前沿算法，大大提高新前沿搜索效率。增量式前沿构建流程如图 5-3 所示。

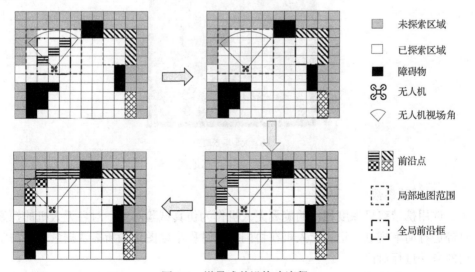

图 5-3　增量式前沿构建流程

3. 试验对比

本书提出一种基于双层搜索的自主探索前沿生成方法，从而减小了搜索前沿所需的计算量。本节主要对上述方法进行数字仿真验证，数字仿真试验在笔记本计算机上进行，其处理器为 R7 5800H，运行内存为 16GB，操作系统为 Ubuntu18.04。

1）试验地图

为了验证算法的鲁棒性，本小节设计了如图 5-4 所示小型和大型两种室内任务场景，地图尺寸分别为 24m×16m×3m 和 50m×50m×3m，地图平面面积分别为 384m² 和 2500m²，图中粗线段表示障碍物或者墙壁，其余表示空闲区域。

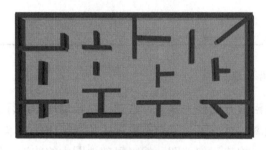

（a）小型场景地图

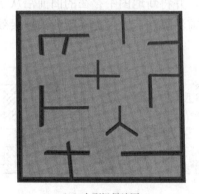

（b）大型场景地图

图 5-4　数字仿真地图

2）试验参数

选用携带双目深度相机的旋翼无人机作为仿真试验对象，对各无人机的探索轨迹进行简单规划，记录无人机在协同探索过程中地图传输所需数据量，并与常用的方法进行对比。

数字仿真试验的主要参数设定如表 5-1 所示，在上述两种地图中，设定地图

分辨率 $R = 0.1$m，地图共享时间间隔为 1s，无人机轴距为 250mm，深度相机的建图距离 $d_{cam} = 5$m，视场大小为 $[80° \times 60°]$，为避免地面噪声影响，将栅格数小于 100 的前沿忽略。

表 5-1　数字仿真试验的主要参数设定

参数名称	参数值
地图分辨率	0.1m
地图共享时间间隔	1s
无人机轴距	250mm
建图距离	5m
视场大小	$[80° \times 60°]$
前沿最小栅格数	100

3）试验结果

将改进的前沿搜索方法与 FUEL[120] 中的前沿搜索方法进行对比，统计共 200 次前沿搜索所消耗的时间，试验结果如图 5-5 和表 5-2 所示。

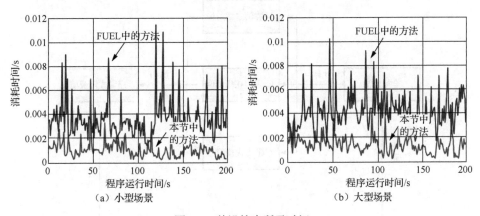

（a）小型场景　　　　　　　　（b）大型场景

图 5-5　前沿搜索所需时间

表 5-2　前沿搜索时间对比　　　　　　　　　　　　　　　（单位：ms）

方法种类	小型场景			大型场景		
	最大值	平均值	最小值	最大值	平均值	最小值
FUEL 中方法	11.48	3.58	1.44	10.16	4.02	1.44
本节中方法	6.99	1.01	0.26	5.31	1.42	0.28

从表 5-2 中能够看出，在小型场景中，FUEL 中前沿搜索平均需要花费 3.58ms，本节中的改进方法仅需 1.01ms；在大型场景中，FUEL 中前沿搜索平均需要花费

4.02ms，本节中的改进方法仅需 1.42ms，二者的降幅分别是 71.8% 和 64.7% 。因此，在不同大小的任务场景中，本节改进方法在计算速度上均有大幅提升。

5.2.2 基于环境信息增益的观测点选择方法

前沿边界搜索完成后，会得到图 5-3 左下角图中的多个前沿，最终以哪个前沿作为下一个前沿观测点，需要对全局前沿进行进一步的评估。传统的基于前沿搜索的自主探索方法将距离无人机当前位置最近的一个前沿作为下一个观测点，这种方法简单易实现，但是该方法忽略了环境中的信息增益，不利于旋翼无人机对环境进行高效的探索。

本小节采用基于启发式函数的自主探索方法，利用无人机的偏航角信息最大化环境信息增益，利用由环境信息增益、能量损耗代价以及距离代价组成的启发式函数构建全局前沿探索顺序；选择第一个前沿作为下一个观测点，使旋翼无人机可以高效探索前沿边界。基于启发式函数的自主探索方法流程如图 5-6 所示。

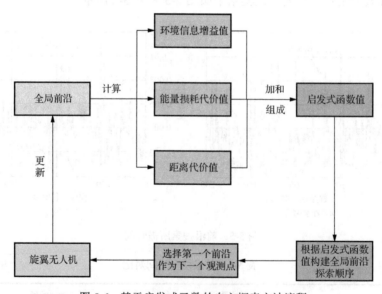

图 5-6　基于启发式函数的自主探索方法流程

1. 基于偏航角的环境信息增益

利用偏航角表示环境信息增益大小，并采用旋翼无人机当前姿态可看见的前沿点个数作为环境信息数量，在前沿边界搜索完成之后，会得到如图 5-7 所示多个全局前沿集合，定义每个前沿对应的观测点为前沿的中心点：

$$(x_{\text{obv}}, y_{\text{obv}}, z_{\text{obv}}) = (x_{\text{center}}, y_{\text{center}}, z_{\text{certer}}) = \dfrac{\left(\sum\limits_{i=0}^{m} x, \sum\limits_{i=0}^{m} y, \sum\limits_{i=0}^{m} z\right)}{\text{num}} \tag{5-1}$$

式中，$(x_{\text{center}}, y_{\text{center}}, z_{\text{certer}})$ 表示前沿的中心点；$\left(\sum\limits_{i=0}^{m} x, \sum\limits_{i=0}^{m} y, \sum\limits_{i=0}^{m} z\right)$ 表示对前沿中心点的坐标进行加和；num 表示每个前沿集合中前沿点的个数。

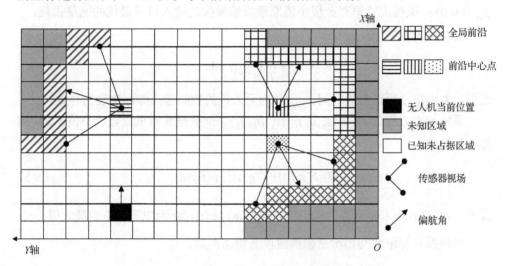

图 5-7　基于偏航角得到环境信息增益表示方法

　　根据旋翼无人机携带传感器的视场大小，以每个前沿的观测点为中心点，以 0° 为起始偏航角下无人机能够看到的前沿点个数，将看到前沿点个数最多的偏航角作为该前沿对应的最大环境信息增益的偏航角，即

$$\theta_{\text{opt}} = \max\left\{ -\pi + k\Delta\theta \mid k \in \left[0, 1, \cdots, \dfrac{2\pi}{\Delta\theta}\right] \right\} \tag{5-2}$$

　　将旋翼无人机当前的偏航角和每个前沿对应的最优偏航角做差，将两者差值作为环境信息增益，优先选择偏航角差值较大的前沿作为下一个观测点，使得旋翼无人机在到达观测点的同时可以看到更多的环境信息。因此，环境信息增益评估函数为

$$J_\theta = w \cdot \left| \theta_{\text{uav}} - \theta_{i,\text{opt}} \right| \tag{5-3}$$

式中，w 为增益参数；θ_{uav} 为旋翼无人机当前的偏航角大小；$\theta_{i,\text{opt}}$ 为第 i 个前沿的最优偏航角。

2. 旋翼无人机到前沿点的位置代价

这里定义代价值：不考虑环境中的障碍物，以当前点无人机的位置速度为起始状态，以观测点的位置速度为终止状态，求解从当前点到达观测点的路径，将对应的能量损耗作为代价值。

设起始状态为 start_state($p_x, p_y, p_z, v_x, v_y, v_z$)，终止状态为 end_state($p_{ex}, p_{ey}, p_{ez}, 0, 0, 0$)，根据庞特里亚金极小值原理求解最优的输入以及最优的能量损耗。

损耗可表示为

$$J_k = \frac{1}{T} \int_0^T j_k(t)^2 \, \mathrm{d}t \tag{5-4}$$

式中，T 为路径所花费的时间；$j_k(t)$ 为无人机的控制量，即加速度的导数。

系统状态方程为 $\dot{s} = f_s(s_k, u_k) = (v_k, a_k, j_k)$，则根据庞特里亚金极小值原理，可得目标函数为

$$J = h(s(T)) + \int_0^T g(s(t), u(t)) \cdot \mathrm{d}t \tag{5-5}$$

式中，$h(s(T))$ 为末尾状态的代价值；$\int_0^T g(s(t), u(t)) \cdot \mathrm{d}t$ 为中间状态的最大值。

可根据目标函数写出哈密顿函数以及协态函数：

$$H(s, u, \lambda) = g(s, u) + \lambda^{\mathrm{T}} f(s, u) \tag{5-6}$$

$$\lambda(t) = (\lambda_1, \lambda_2, \lambda_3) \tag{5-7}$$

将哈密顿函数对状态量 (p, v, a) 求偏导数，并求负数，可求出协态函数的解为

$$\lambda(t) = \frac{1}{T} \begin{bmatrix} -2\alpha \\ 2\alpha t + 2\beta \\ -\alpha t^2 - 2\beta t - 2\gamma \end{bmatrix} \tag{5-8}$$

式中，α、β、γ 都为常量。将协态函数值代入最优解中得

$$u^*(t) = j^*(t) = \arg \cdot \min_{u(t)} H(s^*(t), u(t), \lambda(t)) \tag{5-9}$$

将 $j^*(t)$ 积分可得最优代价函数值：

$$J_{\mathrm{cost}} = \int_0^T j^*(t) \mathrm{d}t \tag{5-10}$$

3. 旋翼无人机到前沿位置的距离

探索过程中将旋翼无人机到前沿位置的距离作为评估函数的一个环节，可以

诱导旋翼无人机在探索过程中优先探索附近的前沿，从而使旋翼无人机在探索过程中行走的路径变短，减小能量的损耗。采用欧氏距离定义旋翼无人机到前沿位置的距离：

$$J_{\mathrm{dis}} = w \cdot d_i = w \cdot \sqrt{\Delta x^2 + \Delta y^2 + \Delta z^2} \tag{5-11}$$

式中，w 为增益参数；d_i 为旋翼无人机到前沿位置的欧氏距离。

4. 全局前沿探索构建

设计的前沿启发式函数如式（5-12）所示，由三部分构成：当前点到观测点的距离，当前点到观测点的代价值，基于偏航角的环境信息增益。

$$\mathrm{eva\_fuc} = 1/J_{\mathrm{dis}} + 1/J_{cost} + J_\theta \tag{5-12}$$

根据前沿启发式函数值，全局前沿探索顺序构建如图 5-8 所示。

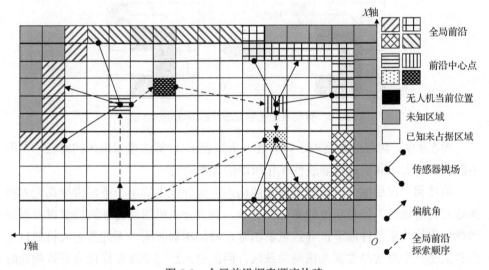

图 5-8　全局前沿探索顺序构建

由图 5-8 可知，通过构建全局前沿启发式函数，对全局前沿进行排序，构建全局前沿探索顺序，将综合增益值最大的前沿设为下一个观测点。

5.2.3　微型旋翼无人机自主探索轨迹规划方法

1. 增量式场景轨迹规划方法

针对目前基于自主探索的轨迹规划技术思路较为保守，且没有考虑飞行过程中的环境增益，旋翼无人机在探索过程中存在多个悬停规划点，且飞行增益较少，导致探索时间增长，环境探索效率低下的问题，本小节提出一种基于旋翼无人机自主探索的轨迹规划算法，由基于旋翼无人机的增量式场景轨迹规划方法与基于旋翼无人机自主探索的偏航角规划方法构成。基于旋翼无人机的增量式场景路径规划方法首先使用基于动力学约束的 A*算法，在前端路径搜索时根据旋翼无人机的动力学特性，直接搜索出一条安全的光滑轨迹，缩短规划时间，然后采用基于动态时域的轨迹规划方法消除探索过程中的悬停规划点，使探索过程中旋翼无人机飞行连续，缩短探索时间。

1）基于动力学约束的 A*算法

旋翼无人机的机动性较强，可以实现全方位飞行，但 A*算法规划出来的路径是由多条折线构成的，且转折点较多，不适合机动性强的无人机系统，目前常用的解决办法是利用后端非线性优化将前端搜索出来的折线路径优化为一条光滑的多维曲线，如图 5-9 所示。

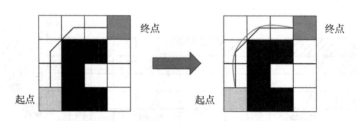

图 5-9　传统轨迹规划方法前后端规划示意图

图 5-9 中，黑色的栅格表示障碍物，折线表示 A*算法搜索出来的路径，右图中的曲线则表示利用后端非线性优化求解的光滑轨迹。

虽然利用前后端分层的轨迹规划架构能够很好地求解出一条可供旋翼无人机执行的光滑轨迹，但是轨迹的安全性需求、旋翼无人机的动力学约束使得后端非线性优化的约束条件增多，导致求解困难，增加求解时间，而旋翼无人机的自主探索又是一个对实时性要求很高的系统，因此引入后端非线性优化会导致规划时间变长，旋翼无人机的飞行速度下降，没有充分利用旋翼无人机的机动性特点。因此，本小节提出基于动力学约束的 A*算法，将旋翼无人机的动力学参数加入路径搜索中，使其在搜索过程中就可以生成一条光滑的轨迹，从而使旋翼无人机能够保持高速飞行，充分利用其机动性强的特点。

（1）栅格坐标转换。

在引入旋翼无人机动力学约束之前，需要引进一种栅格坐标转换的方法。栅格坐标转换，即将世界坐标系中的坐标转换为轨迹规划专用的栅格坐标，仍以二维情形为例进行介绍，如图 5-10 所示。

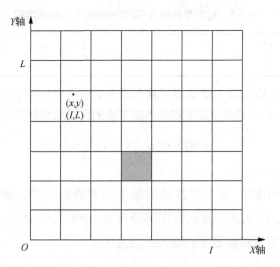

图 5-10　栅格坐标转换示意图

图 5-10 中，(x,y) 表示该点在世界坐标系下的坐标，(I,L) 表示该点在栅格坐标系下的栅格坐标，转换关系如下所示：

$$I = \text{ceil}\left(\frac{x - O \cdot x}{\text{d}x}\right) \tag{5-13}$$

$$L = \text{ceil}\left(\frac{y - O \cdot y}{\text{d}y}\right) \tag{5-14}$$

式中，$\text{ceil}(z)$ 表示取大于 z 的最小整数，以世界坐标系下的点 $(0.7, 0.5)$ 为例，以 0.2 为分辨率，设原点坐标为 $(0,0)$，则将其转换至栅格坐标系下的栅格坐标为 $(4,3)$，即图 5-10 中的灰色栅格。

（2）基于动力学约束的轨迹规划方法思路。

将旋翼无人机的动力学约束加入 A*算法路径搜索思路中，即在节点扩展搜索中利用旋翼无人机的动力学参数，获得当前节点的邻居节点，并利用前文介绍的栅格坐标转换方法，将其转换至栅格坐标系，以此来判断该邻居节点是否处于障碍物中，或者是否已经被扩展过。

为了在搜索时利用旋翼无人机的动力学信息，需要对 A*算法的节点数据结构进行相应的改进，加入对应的离散时间 t 和离散加速度 a，并将节点的速度信息 v 加入节点状态中，形成如表 5-3 所示的节点数据结构。

表 5-3 动力学约束 A*算法对应的节点数据结构

节点的状态	代价值 1	代价值 2	函数值	离散时间向量	离散加速度	父节点状态
(p,v)	$g(n)$	$h(n)$	$f(n)$	t	a	(p_1,v_1)

利用旋翼无人机的动力学信息扩展节点时，节点对应的 $g(n)$ 值与 $h(n)$ 值的计算方式也要改变，本小节利用父节点到当前节点的路径长度作为当前节点的 $g(n)$ 值：

$$g(n) = g(n_{\text{father}}) + vt + \frac{1}{2}at^2 \qquad (5\text{-}15)$$

式中，n_{father} 为 n 的父节点。

在计算 $h(n)$ 值时，本小节忽略地图中障碍物的影响，设起始节点状态为 $\text{start\_state}(p_x, p_y, p_z, v_x, v_y, v_z)$，终止状态为 $\text{end\_state}(p_{ex}, p_{ey}, p_{ez}, 0, 0, 0)$，根据庞特里亚金极小值原理求解最优的输入 a^* 以及 T^*。

其中损耗为

$$J_k = \frac{1}{T}\int_0^T j_k(t)^2 \, \mathrm{d}t \qquad (5\text{-}16)$$

系统状态方程为 $\dot{s} = f_s(s_k, u_k) = (v_k, a_k, j_k)$，则根据庞特里亚金极小值原理，可得目标函数为

$$J = h(s(T)) + \int_0^T g(s(t), u(t)) \cdot \mathrm{d}t \qquad (5\text{-}17)$$

式中，$h(s(T))$ 为末尾状态的代价值；$\int_0^T g(s(t), u(t)) \cdot \mathrm{d}t$ 为中间状态的最大值。

根据目标函数可写出哈密顿函数以及协态函数：

$$H(s, u, \lambda) = g(s, u) + \lambda^{\mathrm{T}} f(s, u) \qquad (5\text{-}18)$$

$$\lambda = (\lambda_1, \lambda_2, \lambda_3) \qquad (5\text{-}19)$$

将哈密顿函数对状态量 (p, v, a) 求偏导数，并求负数，可求出协态函数的解为

$$\lambda(t) = \frac{1}{T}\begin{bmatrix} -2\alpha \\ 2\alpha t + 2\beta \\ -\alpha t^2 - 2\beta t - 2\gamma \end{bmatrix} \qquad (5\text{-}20)$$

式中，α、β、γ 都为常量。将协态函数值代入最优解中得

$$u^*(t) = j^*(t) = \arg \cdot \min_{u(t)} H(s^*(t), u(t), \lambda(t)) \qquad (5\text{-}21)$$

求解得到最优的输入 a^* 以及 T^*，根据动力学公式可求解忽略障碍物影响时，当前点到达目标点的路径长度，即 $h(n)$：

$$h(n) = v_{\text{current}}T^* + \frac{1}{2}a^* T^{*2} \qquad (5\text{-}22)$$

式中，v_{current} 为最优速度。

动力学约束 A*算法流程如图 5-11 所示。

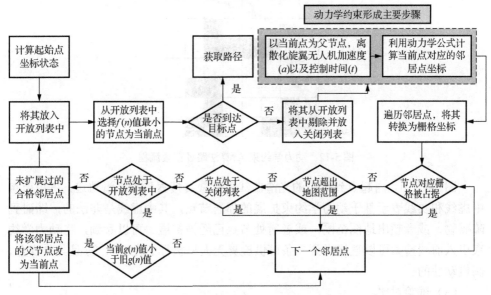

图 5-11　动力学约束 A*算法流程

如图 5-11 所示，算法开始时计算起始点对应的状态值，并将其放入开放列表中，从开放列表中选择启发式函数值 $f(n)$ 最小的节点作为下一个扩展节点，称其为当前点，通过离散旋翼无人机最大加速度以及时间变量，利用动力学公式计算当前点的邻居点，并计算这些邻居点的 $g(n)$、$h(n)$ 值，且将这些邻居点的父节点设定为当前点；之后对这些邻居点进行遍历，将邻居点的坐标转换为栅格坐标，并剔除所在栅格为占据状态、超出地图范围以及已经处于关闭列表中的节点，如果存在邻居点已经被扩展，即已经处于开放列表中，则比较该邻居点目前的 $g(n)$ 值与之前的旧 $g(n)$ 值，若该邻居点目前的 $g(n)$ 值小于之前的旧 $g(n)$ 值，则说明通过当前点到达该邻居点比之前到达该邻居点的方式所需的代价更小，将该邻居点的 $f(n)$ 值更新，并将其父节点修改为当前点。不满足以上条件的邻居点则被认为是新的节点，即未被扩展过的节点，将其加入开放列表中，并将当前点从开放列表中剔除，将父节点加入关闭列表中。之后从更新后的开放列表中选择启发式函数值 $f(n)$ 最小的节点作为当前点，并计算当前点与目标点的距离，若距离小于预设阈值，则说明到达目标点，终止搜索，若大于阈值，则继续以上步骤，继续搜索路径。动力学约束 A*算法路径搜索流程如图 5-12 所示。

图 5-12　动力学约束 A*算法路径搜索流程

图 5-12 中，由起点到终点的光滑曲线表示最终搜索到的光滑轨迹，每个节点中虚线和实线表示基于动力学约束扩展的邻居节点，其中虚线是非法的，即碰到障碍物，或者超出地图范围，或者所处节点已经被扩展。可以看到，将动力学约束引入前端搜索可以直接得到一条可供旋翼无人机执行的光滑轨迹，且其是安全、高机动性的。

（3）试验对比。

本小节以 ROS 操作系统作为仿真平台，以点云地图的形式对障碍物进行建模，对传统 A*算法、基于动力学约束的 A*算法以及传统基于前后端的轨迹规划算法进行了一系列仿真试验，并对结果进行分析，如图 5-13、图 5-14 所示。

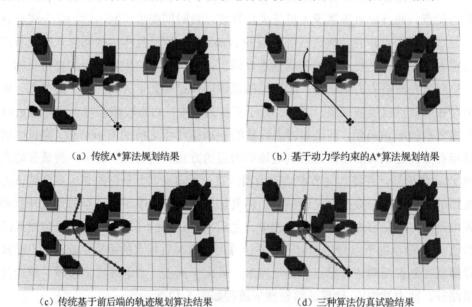

（a）传统A*算法规划结果　　　　　　（b）基于动力学约束的A*算法规划结果

（c）传统基于前后端的轨迹规划算法结果　　　（d）三种算法仿真试验结果

图 5-13　轨迹规划算法仿真试验一对比结果

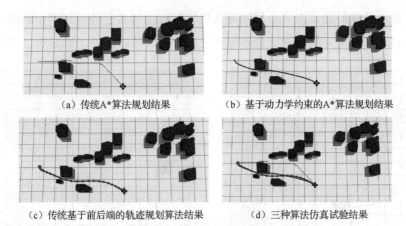

（a）传统A*算法规划结果　　　　（b）基于动力学约束的A*算法规划结果

（c）传统基于前后端的轨迹规划算法结果　　（d）三种算法仿真试验结果

图 5-14　轨迹规划算法仿真试验二对比结果

由图 5-13、图 5-14 中的试验结果可知，传统 A*算法规划的路径是一系列离散点，导致其给旋翼无人机的轨迹是折线式的，不利于无人机快速飞行。基于动力学约束的 A*算法与传统基于前后端的轨迹规划算法规划的轨迹基本相同，都具有十分光滑的属性，旋翼无人机能够直接控制自身进行自主飞行，虽然在距离障碍物较近的场景中，基于动力学约束的 A*算法规划的轨迹会更靠近障碍物，但是在自主探索任务场景中，为了更好地观察环境信息，选择的观测点大多会远离障碍物，因此也能在很大程度上保障飞行的安全性，且基于动力学约束的 A*算法在规划时间上要短于传统的基于前后端的轨迹规划算法。轨迹规划算法规划时间对比结果如表 5-4 所示。

表 5-4　轨迹规划算法规划时间对比结果

实验次序	传统 A*算法规划时间/s	传统基于前后端的轨迹规划算法规划时间/s	基于动力学约束的 A*算法规划时间/s
1	0.002	0.005	0.0003
2	0.004	0.010	0.0040
3	0.003	0.005	0.0005

2）基于动态时域的轨迹规划算法

旋翼无人机在进行自主探索时，对全局地图中的前沿观测点进行遍历，以此来获取全局地图环境信息，而自主探索任务中地图是增量式的，随着地图的增大，观测点也会发生变化，传统自主探索算法的思路是分布式规划，即当无人机到达预设观测点时，对前沿信息进行处理，获取下一步的轨迹，以此迭代，直到最后完成任务。这样的处理方式会导致无人机执行自主探索任务时运动不连续，每到达一个观测点时无人机会进行悬停等待处理，探索效率低下，如图 5-15 所示。

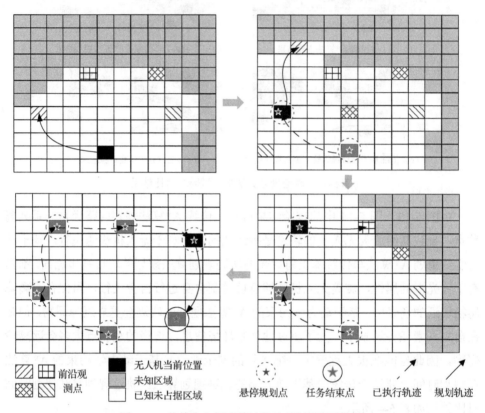

图 5-15　传统自主探索算法轨迹规划流程示意图

由图 5-15 可知，传统自主探索技术用到的轨迹规划算法在执行任务过程中存在多个悬停规划点，无人机飞行不连续，整体飞行时间增长，最终导致探索效率低下。

因此，本小节引入基于动态时域的轨迹规划算法，将前文提出的基于动力学约束的 A*算法中规划的离散时间控制向量 t_{plan} 作为判定条件，当旋翼无人机将要到达预设观测点时，以当前位置作为起始点开始新一轮的规划，此时由于之前规划的轨迹仍没执行完，因此在重新规划的同时旋翼无人机仍在持续飞行，这样在全局自主探索任务中无人机表现为连续光滑飞行，缩短飞行时间，提高探索效率。基于动态时域的轨迹规划算法伪代码如算法 5-2 所示。

算法 5-2　基于动态时域的轨迹规划算法伪代码

1:　　GetFrontier(t_{curr})

2:　　GetPos(t_{curr})

3:　　**while** (frontier .size()!= 0)**do**

4:　　　　GetPos()

5:　　　　GetFrontierObservation(frontier .top(), pos , goal)

6:　　　　PLAN-TRAJ(pos , goal , env)

7:　　　　**if** PLAN - TRAJ == SUCCESS **then**

8:　　　　　　**while** (t_{curr} < t_{plan})**do**

9:　　　　　　　　EXEC-TRAJ

10:　　　　　　**end while**

11:　　　　　　frontier .pop()

12:　　　　**end if**

13:　　**end while**

基于动态时域的轨迹规划算法流程如图 5-16 所示。

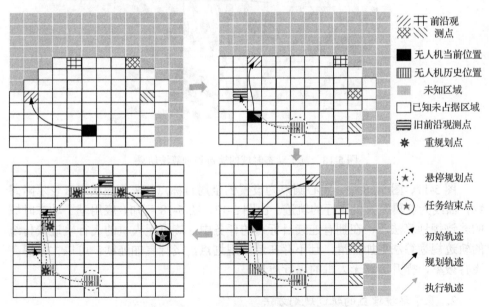

图 5-16　基于动态时域的轨迹规划算法流程

　　由图 5-16 可知，采用基于动态时域的轨迹规划算法后，在旋翼无人机将要到达目标点的同时开始规划下一条轨迹，消除传统的悬停规划点，使旋翼无人机飞行连续，最终可以提高探索效率。

同样，以 ROS 操作系统作为仿真平台，通过目标点预设的方式测试传统轨迹规划算法与基于动态时域的轨迹规划算法的效果，结果分别如图 5-17 和图 5-18 所示。

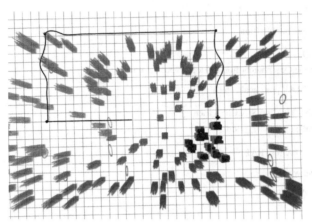

图 5-17   传统轨迹规划算法结果

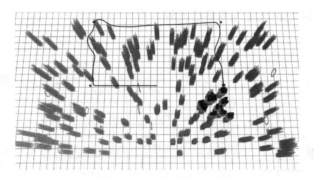

图 5-18   基于动态时域的轨迹规划算法结果

图 5-17、图 5-18 中，实心圆点为设置的全局目标点，灰色簇状点云表示障碍物，曲线为旋翼无人机飞行的轨迹。由图 5-17、图 5-18 可知，应用基于动态时域的轨迹规划算法后，在拥有连续目标点的任务中，旋翼无人机的飞行轨迹较传统的轨迹规划算法更加光滑，且不存在悬停规划点，飞行更加连续，可以大幅提高飞行效率，提升旋翼无人机的飞行质量。

2. 基于环境增益的轨迹规划方法

为了不浪费占据自主探索几乎 90%时间的轨迹规划（执行）资源，本书面向自主探索任务提出一种更智能的轨迹规划方法[121]，该方法基于前沿的探索框架，在轨迹规划与优化步骤中设计一个环境成本的新优化项，该设计创新性地考虑了飞行过程中环境信息增益的获取。

在本方法中，整个自主探索工作的实现框架如图 5-19 所示[121]。

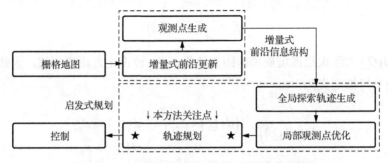

图 5-19　本方法中整个自主探索工作的实现框架

本小节将揭示本书通过设置新的环境成本来使无人机在飞行过程中获得更多环境信息增益的工作。本书提到的框架[120]通过优化生成平滑、安全和动态可行的 B 样条轨迹，并基于文献[115]进一步优化 B 样条的所有参数。

文献[115]采用经典的前后端规划方式最终生成高质量的轨迹，其轨迹的数学本质是多项式。Hybrid-A*[74]最初被应用于自动驾驶领域，后来用于前端动力学路径搜索。它在体素网格地图中搜索一个安全的、动力学可行但次优的轨迹，该轨迹在持续时间和控制成本方面最优。然而，这条初始路径距离障碍物过近，无法真正执行。因此，在后端轨迹优化中需要提高路径的平滑度和可行性。

一条 B 样条曲线能够被由阶数、$N+1$ 个控制点 $\{Q_0, Q_1, \cdots, Q_N\}$ 和一组节点向量 $[t_0, t_1, \cdots, t_M]$ 唯一确定的分段多项式表示，其中 $Q_i \in \mathbb{R}^3$，$t_m \in \mathbb{R}$，$M = N + p_b + 1$。一条 B 样条曲线能被时间 t 参数化表示，其中 $t \in [t_{p_b}, t_{M-p_b}]$。对于一条均匀 B 样条曲线来说，每两个节点之间的间隔时间 $\Delta t_m = t_{m+1} - t_m$ 都相同，这就是 B 样条曲线表示多项式轨迹的基本原理。本书的工作关注于优化中的代价函数设计，因此本书推荐读者阅读文献[115]以获得更多细节。

在本项工作中，优化问题参考文献[120]并创新性地加入了环境成本项 f_e。因此，优化问题的最终建模如下所示：

$$\arg \cdot \min f_{\text{all}} = \lambda_s f_s + \lambda_c f_c + \lambda_d f_d + \lambda_{\text{bs}} f_{\text{bs}} + w_t T + \lambda_e f_e \tag{5-23}$$

式中，λ_s、λ_c、λ_d、λ_{bs}、w_t、λ_e 为各项的权重系数。

f_s 为与文献[117]、[118]类似的连接平滑性代价项：

$$f_s = \sum_{i=p_b-1}^{N-p_b+1} \| (Q_{i+1} - Q_i) + (Q_{i-1} - Q_i) \|^2 \tag{5-24}$$

本项建模将轨迹视作一根橡皮筋，轨迹上 $F_{i+1,i} = Q_{i+1} - Q_i$ 和 $F_{i-1,i} = Q_{i-1} - Q_i$ 分别是连接节点 Q_{i+1}、Q_i 和节点 Q_{i-1}、Q_i 的两个弹簧的合力。

碰撞成本项 f_c 则是重要的优化项，被用于将轨迹推离，以远离障碍物碰撞，其被表述为作用在每个控制点上的到最近障碍物的距离所产生的排斥力：

$$f_c = \sum_{i=0}^{N} F_c\big(d(Q_i)\big) \tag{5-25}$$

式中，$d(Q_i)$ 为欧氏距离场提供的距离信息。d_{thr} 被设定为距离阈值，因此可微的 $F_c\big(d(Q_i)\big)$ 可被定义为

$$F_c\big(d(Q_i)\big) = \begin{cases} \big(d(Q_i) - d_{thr}\big)^2, & d(Q_i) \leqslant d_{thr} \\ 0, & d(Q_i) > d_{thr} \end{cases} \tag{5-26}$$

由于旋翼无人机具有微分平坦性质，本书通过在每个维度上限制轨迹的高阶导数来确保其在整体上的可行性。设 $v_{i\mu}$ 和 $a_{i\mu}$ 分别是每个独立维度的第 i^{th} 个速度和加速度。

f_d 是确保动力学可行性的优化项，它包含惩罚不可行速度和加速度的优化项 f_v、f_a：

$$\begin{cases} \lambda_d f_d = \lambda_v f_v + \lambda_a f_a \\ f_v = \sum_{\mu \in \{x,y,z\}} \sum_{i=0}^{N-1} F_v(v_{i\mu}), \quad f_a = \sum_{\mu \in \{x,y,z\}} \sum_{i=0}^{N-2} F_a(a_{i\mu}) \end{cases} \tag{5-27}$$

式中，λ_v、λ_a 是对应动力学可行性优化项的权重。速度和加速度若超过最大允许值 v_{max} 和 a_{max} 会受到惩罚，可以根据实际无人机的敏捷度来预先设置：

$$\begin{cases} F_v(v_{i\mu}) = \begin{cases} \big(v_{i\mu}^2 - v_{max}^2\big)^2, & v_{i\mu}^2 > v_{max}^2 \\ 0, & v_{i\mu}^2 \leqslant v_{max}^2 \end{cases} \\ F_a(a_{i\mu}) = \begin{cases} \big(a_{i\mu}^2 - a_{max}^2\big)^2, & a_{i\mu}^2 > a_{max}^2 \\ 0, & a_{i\mu}^2 \leqslant a_{max}^2 \end{cases} \end{cases} \tag{5-28}$$

f_{bs} 为在起始状态和终点状态的平滑运动边界成本，它将控制点在瞬时状态的 0 阶和 2 阶导数作为该成本优化的开始。$Q_{c,i}$ 是第 c 段分段多项式轨迹的第 i 个控制点，$\dot{Q}_{c,i}$ 和 $\ddot{Q}_{c,i}$ 分别是它的 1 阶和 2 阶导数。X_0 为当前的起始位置。观测点 X_{vpt} 同样也考虑了边界代价的惩罚。因此，最终的边界成本 f_{bs} 被表示为

$$f_{bs} = \left\| \frac{Q_{c,0} + 4Q_{c,1} + Q_{c,2}}{6} - X_0 \right\|^2 + \left\| \frac{\ddot{Q}_{c,0} + \ddot{Q}_{c,1}}{2} - \dot{Q}_0 \right\|^2$$

$$+ \left\| \ddot{Q}_{c,0} - \ddot{Q}_0 \right\|^2 + \left\| \frac{Q_{c,N_b-2} + 4Q_{c,N_b-1} + Q_{c,N_b}}{6} - X_{vpt} \right\|^2 \tag{5-29}$$

T 为 B 样条段组成的轨迹总时间，其可被表示为

$$T = (N + 1 - p_b) \cdot \Delta t_b \tag{5-30}$$

以上成本项受到轨迹规划的启发，这意味着其更加关注如何更安全、更顺利、更可行地到达观测点。然而，它们都忽略了飞行过程中的环境增益，这就是探索和规划的区别。飞行——执行轨迹的过程，占整个探索工作的 90% 以上。因此，本章创造性地提出一种在优化中考虑飞行环境的方法，使轨迹更接近未知区域，在飞行过程中获得更多环境增益。

通过该框架的增量式前沿信息结构可以得到表示探索空间中感兴趣区域的前沿信息。由此，可以得到一个由一系列边界点定义的前沿立方体。本章使用该前沿立方体的中心 X_{ct} 来具体表示该区域可以获得的大量环境增益，并以此为根据来优化轨迹中间的控制点，使轨迹更接近于用 X_{ct} 表示的能够获得大量环境增益的区域，而不影响原始轨迹的起点和终点。

因此，本书设计了如下环境惩罚项：

$$f_e = \sum_{i=1}^{N-1} F_e(Q_i) \tag{5-31}$$

式中，$F_e(Q_i)$ 为控制点 Q_i 与前沿立方体中心 X_{ct} 距离的平方：

$$F_e(Q_i) = (Q_i - X_{ct})^2 \tag{5-32}$$

式（5-31）的灵感来自文献[122]提出的人工势场法，模拟前沿立方体的中心产生了一个吸引控制点的引力场。

至此，完整目标函数的表达式被建模为式（5-23）。此外，控制点 Q_i 的最优值是通过梯度下降法与通用非线性优化求解器 NLopt 计算的。值得一提的是，改变式（5-23）中参数的权重可以相应地改善轨迹的相关特性，本书将在后文做更详细的解释。

如图 5-20 所示，控制点在考虑边界信息后被吸引到更接近未知环境的区域。

仿真和真实世界测试结果表明，本方法能够使无人机在视场角约束下通过传感器获取更多的环境信息，并且本方法可以减少在复杂区域，尤其是如图 5-21 所示复杂角落区域的重复探索问题发生频次。

图 5-21 中，本小节构建一个经典且常见的室内探索场景来展现本方法的有益效果。在未考虑飞行中环境信息增益时，优化时并没有环境惩罚项，无人机可以顺利、安全地通过一系列视点。然而，这种情况下一些较小区域被忽略，使得无人机必须规划额外的轨迹来再次探索这些区域，以实现更全面、彻底的地图覆盖。

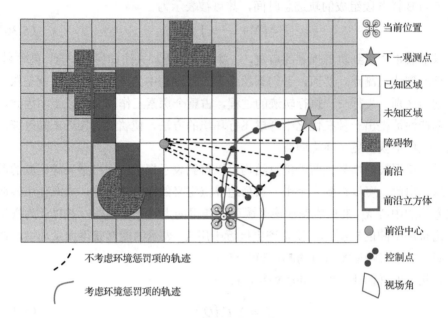

图 5-20　考虑环境惩罚项前后的优化轨迹

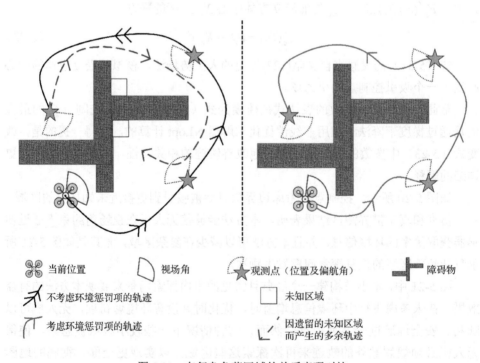

图 5-21　在复杂角落区域的前后表现对比

5.2.4 基于自主探索的偏航角规划方法

本章采用视觉相机作为传感器，相机存在视场角，即 FOV，在旋翼无人机飞行过程中，FOV 的存在导致相机只能获取一部分环境信息，而旋翼无人机的偏航角是可以独立控制的，因此本小节引入旋翼无人机的偏航角规划，使其飞行过程中能够获取更多的环境信息增益，减少探索过程中的重复轨迹探索现象，提高探索效率。本小节将介绍以下两种偏航角规划方法。

1. 第一种方法

文献[123]提出利用节点搜索的方式对偏航角进行规划，以获得更多的环境信息，并利用后端 B 样条优化的方式与飞行轨迹进行时间维度上的匹配。本小节根据这种思想提出一种简化高效的偏航角规划方法，利用目标点与起始点之间的偏航角差值，形成偏航角规划量 yaw_{plan}，之后利用 5.2.3 小节提到的基于动力学约束的 A* 算法给出的轨迹总时间 t_{all}，与规划的飞行轨迹进行时间同步。

起始偏航角 yaw_s 由旋翼无人机的状态给出，目标点偏航角设为 yaw_e，则偏航角差值为

$$\Delta\text{yaw} = \text{yaw}_e - \text{yaw}_s \qquad (5\text{-}33)$$

为了使旋翼无人机在导航至目标点的过程中能够获得最多的环境信息，需要将偏航角规划量设置为最大：

$$\text{yaw}_{\text{plan}} = \begin{cases} \Delta\text{yaw}, & |\Delta\text{yaw}| \geqslant |2\pi - \Delta\text{yaw}| \\ 2\pi - \Delta\text{yaw}, & |\Delta\text{yaw}| < |2\pi - \Delta\text{yaw}| \end{cases} \qquad (5\text{-}34)$$

根据 5.2.3 小节中规划轨迹的总时间，计算得到轨迹上每一时刻对应的旋翼无人机偏航角：

$$d_{\text{yaw}} = \text{yaw}_{\text{plan}} / t_{\text{all}} \qquad (5\text{-}35)$$

偏航角规划算法伪代码如算法 5-3 所示。

算法 5-3 偏航角规划算法伪代码

1:    getYaw(yaw_s)

2:    getYaw(yaw_e)

3:    Getkinotraj(t_{all})

4:    Deltayaw = yaw_e – yaw_s

5:    **if** abs(deltayaw) > abs(2π – deltayaw) **then**

6:	yaw_{plan} = deltayaw
7:	**else**
8:	yaw_{plan} = 2π − deltayaw
9:	**end if**
10:	d_{yaw} = $\text{yaw}_{\text{plan}} / t_{\text{all}}$
11:	**while**(t_{curr} < t_{all})**do**
12:	yaw = yaw_{s} + d_{yaw}
13:	**end while**

图 5-22 为偏航角规划示意图。

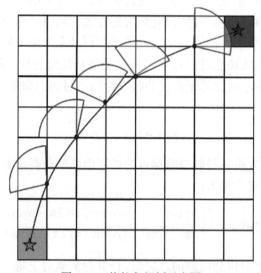

图 5-22　偏航角规划示意图

图 5-22 中，扇形为旋翼无人机飞行过程中的偏航角，实心圆点对应旋翼无人机位置。由图 5-22 可知，将旋翼无人机偏航角进行独立规划，使其在飞行过程中偏航角以微小的角速度逐渐朝向目标偏航角，从而在飞行过程中获得更多的环境信息。

同样，以 ROS 操作系统作为仿真平台，设置同样的场景，对加入偏航角独立规划的轨迹规划算法，与偏航角根据旋翼无人机速度方向设置的轨迹规划算法进行对比，结果如图 5-23、图 5-24 所示。

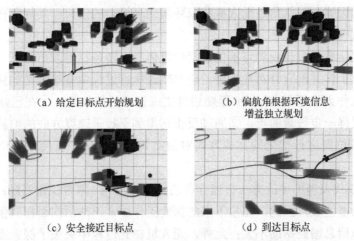

　　　　（a）给定目标点开始规划　　　　　　　（b）偏航角根据环境信息
　　　　　　　　　　　　　　　　　　　　　　　　　增益独立规划

　　　　（c）安全接近目标点　　　　　　　　　（d）到达目标点

图 5-23　加入偏航角独立规划的轨迹规划算法结果

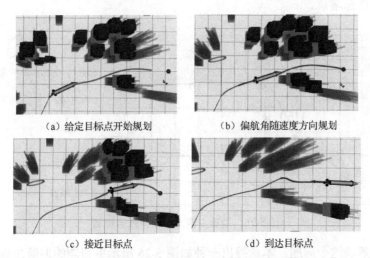

　　　　（a）给定目标点开始规划　　　　　　　（b）偏航角随速度方向规划

　　　　（c）接近目标点　　　　　　　　　　（d）到达目标点

图 5-24　偏航角跟随速度方向设置的轨迹规划算法结果

　　图 5-23、图 5-24 中，实心圆点表示目标点，曲线为旋翼无人机执行轨迹，箭头为无人机此刻位置的偏航角。由图 5-23、图 5-24 可知，加入偏航角独立规划的轨迹规划算法，在无人机飞行过程中，旋翼无人机的偏航角（朝向）不再随着实时速度的方向而变化，是独立变化的，这样的规划算法对带视场角约束相机的旋翼无人机来说，无疑能够获取更多的环境信息，可以提升探索效率。

2. 第二种方法

　　受益于旋翼无人机微分平坦的特性，本小节可以独立规划偏航角而不受三维位置规划的影响。偏航角是无人机获取环境信息增益的窗口，其规划在探索工作中更应被重视。

如前文所述，最佳观测点不仅包括位置信息，还包括偏航角信息。但是，目前的大多数工作并没有针对性地讨论研究轨迹执行过程中偏航角是如何变化的。目前主流工作大致通过 3 个步骤规划自主探索中的偏航角：①在已规划好位置的轨迹中采样一定数量的点；②通过反正切得到平行于速度方向的偏航角；③采取与对三维位置进行优化同样的方式对偏航角进行优化，以使偏航角变化足够平滑。

图 5-25 代表当前主流方法普遍存在的一种情况——浪费探索资源：无人机已经探索了黑框区域，因此，在接下来的探索工作中，仍然面向黑框的偏航角对获取新的环境信息增益帮助不大；此外，无人机在此过程中失去了探索虚线框区域的机会，导致在后续探索工作中对这个未知区域需要进行额外的规划，以获取完整的环境信息增益。

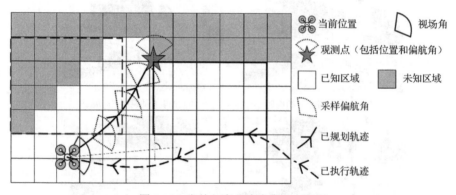

图 5-25　当前主流方法浪费探索资源

为了解决这个问题，本章提出一种如图 5-26 所示更智能的偏航角规划方法，该方法考虑偏航角在无人机飞行中的有益影响。实现偏航角变换有两种方式，即绕劣角旋转和绕优角旋转。本章根据当前环境信息来判断这两种旋转方式究竟采用哪种。

本章希望探索的未知区域用前沿立方体中心 X_{ct} 表示，在偏航角规划之前首先进行偏航角转动角度的决策。偏航角规划器根据前沿立方体中心的相对位置来决定偏航角的旋转方向（绕优角或劣角），具体过程：①根据前沿立方体中心 X_{ct} 与当前无人机的相对位置确定旋转方向；②根据 B 样条段数对轨迹采样若干个点；③根据起止偏航角的差值和已确定的方向，对每个采样点的偏航角按差值均匀赋值；④优化。偏航角生成流程如图 5-27 所示。

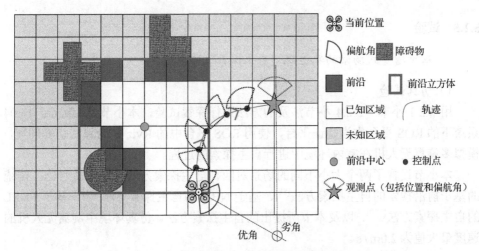

图 5-26　考虑前沿信息的偏航角规划方法

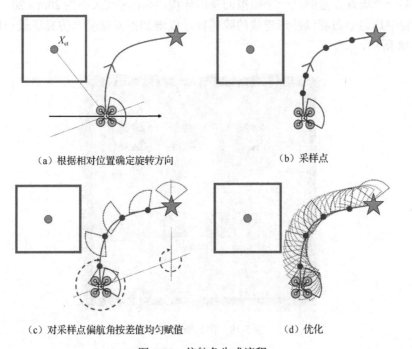

（a）根据相对位置确定旋转方向　　　　　　（b）采样点

（c）对采样点偏航角按差值均匀赋值　　　　　（d）优化

图 5-27　偏航角生成流程

　　受益于本方法，无人机可以最大限度地发挥偏航角的有益作用，以在飞行过程中探索更多未知领域，避免探索资源的浪费。

5.2.5　试验

1. 基于增量式场景的轨迹规划自主探索试验

1）仿真试验

用 5.2.1 小节～5.2.4 小节涉及的方法进行探索试验，本小节以 Ubuntu 16.04 系统下的 ROS 平台作为验证平台，使用 ROS 平台中的 Rviz 作为算法仿真环境，模拟多旋翼无人机在室内环境中进行自主探索的过程。

本小节设置了两个大小不同的场景对四种自主探索方法进行测试对比：传统的基于前沿搜索的自主探索方法[88]、基于 NBV 的自主探索方法[124]、基于 FUEL 的自主探索方法[120]，以及本节所提出的自主探索方法。仿真环境中旋翼无人机的速度最大值为 2.0m/s。

（1）场景一。

第一个场景设置的是一个模拟的室内环境，环境区域大小为 20m×20m×3m，在环境中均匀分布着以柱形建模的障碍物，以增加探索难度。仿真场景一地图如图 5-28 所示。

图 5-28　仿真场景一地图

本小节在图 5-28 所示场景中，对传统的基于前沿搜索的自主探索方法[88]、基于 NBV 的自主探索方法[124]、基于 FUEL 的自主探索方法[120]，以及本节所提出的自主探索方法进行试验测试对比，试验结果如图 5-29 所示。

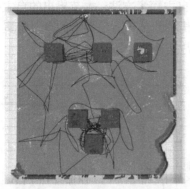
（a）传统的基于前沿搜索的自主探索方法试验结果

（b）基于NBV的自主探索方法试验结果

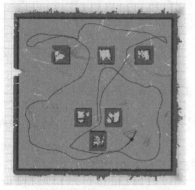
（c）基于FUEL的自主探索方法试验结果

（d）本节所提自主探索方法试验结果

图 5-29　仿真场景一自主探索方法试验结果

图 5-29 中曲线表示探索轨迹，由图可知传统的基于前沿搜索的自主探索方法[88]，由于在全局地图搜索前沿，在探索过程中障碍物附近会出现大量的无效前沿，且其只考虑最近的前沿作为观测点，可以看到在探索过程中出现了大量的重复轨迹，导致其探索效率较低；基于 NBV 的自主探索方法[124]只考虑在视野内的前沿，导致无人机在探索时有时优先探索一条轨迹，这样的方法虽然对飞机的能量损耗最小，但是效率并不高；基于 FUEL 的自主探索方法[120]以路径长度作为约束条件，构建全局前沿顺序，这样的方法虽然以一定的顺序观测所有前沿，但是没有考虑环境信息增益，因此也会存在重复探索轨迹；本节提出的利用环境信息增益等构建启发式函数来选择前沿观测点的方式，能够在探索过程中获得更多的环境增益，减少重复探索路径数量，能够显著提高探索效率。

将四种自主探索方法在一定时间内探索环境体素的数量以图 5-30 所示方式进行对比，可以看到，在存在障碍物的室内环境中，本节提出的自主探索方法在相同时间内能够探索更多的环境信息。

由图 5-30 可以看到，相对于其他三种自主探索方法，本节提出的自主探索方法能够在短时间内获得更多的环境信息。传统的基于前沿搜索的自主探索方法与其他三种方法的平均值相比，花费的时间是其他的 3~6 倍之多。

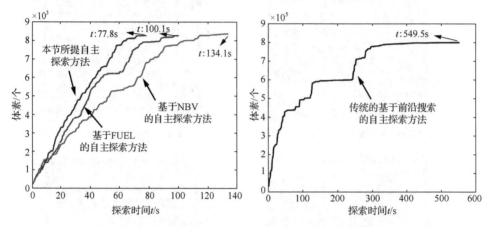

图 5-30　仿真场景一中四种自主探索方法地图覆盖率结果

本小节对四种自主探索方法在场景一中均进行了 10 次试验，试验结果如表 5-5 所示。

表 5-5　基于场景一的四种自主探索方法结果对比

自主探索方法	探索时间/s			探索轨迹长度/m		
	平均值	最大值	最小值	平均值	最大值	最小值
传统	541.29	558.32	523.15	419.98	455.24	405.15
FUEL	92.81	98.59	89.19	143.84	149.51	136.74
NBV	128.42	134.29	121.90	191.67	200.41	178.10
本节	82.75	84.25	80.18	110.33	114.76	107.84

由以上结果可知，相比于传统的基于前沿搜索的自主探索方法[88]，本节提出的自主探索方法在探索时间上缩短 85%左右，在探索轨迹长度上缩短 74%左右；相比于基于 NBV 的自主探索方法[124]，本节提出的自主探索方法在探索时间上缩短 36%左右，在探索轨迹长度上缩短 42%左右；相比于基于 FUEL 的自主探索方法[120]，本节提出的自主探索方法在探索时间上缩短 11%左右，在探索轨迹长度上缩短 23%左右。

（2）场景二。

第二个场景设置的是一个模拟的建筑物内场景，以某建筑某一楼层为模型，搭建 5 个房间，整体环境区域大小为 50m×70m×3m。仿真场景二地图如图 5-31 所示。

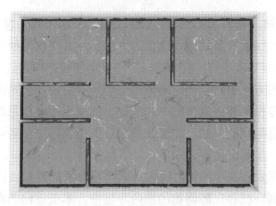

图 5-31　仿真场景二地图

　　本小节在图 5-31 所示场景中，对基于 NBV 的自主探索方法[124]、基于 FUEL 的自主探索方法[120]以及本节所提出的自主探索方法进行试验测试对比，试验结果如图 5-32 所示。在该场景下传统的基于前沿搜索的自主探索方法[88]，由于地图太大，前沿搜索缓慢，试验崩溃，因此在该场景下不将其作为对比对象。

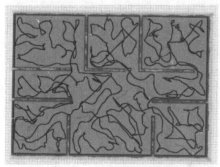

（a）基于NBV的自主探索方法试验结果

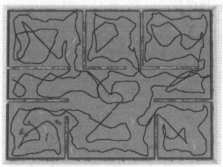

（b）基于FUEL的自主探索方法试验结果

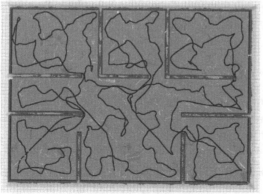

（c）本节所提自主探索方法试验结果

图 5-32　仿真场景二自主探索方法试验结果

由图 5-32 可知，基于 NBV 的自主探索方法[124]由于只考虑在视野内的前沿，其探索时有时优先探索一条轨迹，这样的方法虽然对飞机的能量损耗最小，但是效率并不高；基于 FUEL 的自主探索方法[120]以路径长度作为约束条件，构建全局前沿顺序，这样的方法虽然以一定的顺序观测所有前沿，但是没有考虑环境信息增益，因此也会存在重复探索轨迹；本节提出的利用环境信息增益等构建启发式函数来选择前沿观测点的方式，能够在探索过程中获得更多的环境增益，减少重复探索轨迹数量，显著提高探索效率。

将三种自主探索方法在一定时间内探索环境体素的数量以图 5-33 所示方式进行对比，可以看到，在存在障碍物的室内环境中，本节提出的自主探索方法在相同时间内能够探索更多的环境信息。

由图 5-33 可以看到，在大型场景中，三种自主探索方法在前期探索时获取的环境信息增益相差不大，但是当探索一段时间后，由于基于 NBV 的自主探索方法[124]和基于 FUEL 的自主探索方法[120]没有考虑环境信息增益，因此在对环境的探索效率上本节提出的自主探索方法是优于它们的，能够在相同时间内获取更多的环境信息。

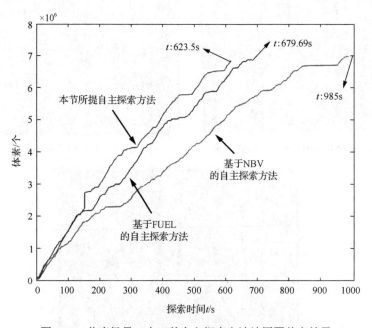

图 5-33　仿真场景二中三种自主探索方法地图覆盖率结果

由于构建的仿真环境较大，因此本小节对三种自主探索方法在场景二中均进行了 5 次试验，试验结果如表 5-6 所示。

表5-6 基于场景二的三种自主探索方法结果对比

自主探索方法	探索时间/s			探索轨迹长度/m		
	平均值	最大值	最小值	平均值	最大值	最小值
FUEL	675.22	679.69	670.75	1006.92	1009.95	990.98
NBV	975.96	984.99	965.33	1501.74	1551.77	1453.25
本节	645.57	648.25	643.12	914.81	923.63	905.59

由表 5-6 所示结果可知，相比于基于 NBV 的自主探索方法[124]，本节提出的自主探索方法在探索时间上缩短 34%左右，在探索轨迹长度上缩短 39%左右；相比于基于 FUEL 的自主探索方法[120]，本节提出的自主探索方法在探索时间上缩短 4%左右，在探索轨迹长度上缩短 9%左右。

2）实机试验

（1）场景一。

在大小为12m×8m×3m 的室内环境中进行了实机飞行测试，旋翼无人机的速度限制在 0.5m/s，在环境中随机设置箱子作为障碍物，以构建复杂环境，增加探索难度。实际场景一如图 5-34 所示。

图 5-34 实际场景一

实际场景一自主探索结果如图 5-35 所示。

由图 5-34、图 5-35 可知，在较小的单一室内复杂环境中，本节所提出的自主探索方法以较短的轨迹完成探索，且由于在飞行过程中加入了环境增益，因此能够获取更多的环境信息，其探索轨迹较短且很光滑。

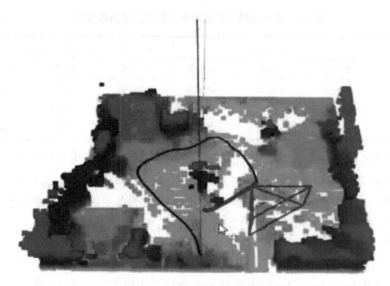

图 5-35　实际场景一自主探索结果

（2）场景二。

在大小为 $20m \times 20m \times 3m$ 的一个地下车库环境中进行了实机飞行试验，旋翼无人机速度为 $1m/s$，且在车库中加入了一些障碍物，以增加探索难度。实际场景二如图 5-36 所示。

图 5-36　实际场景二

实际场景二自主探索结果如图 5-37 所示。

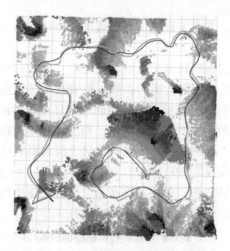

图 5-37　实际场景二自主探索结果

　　由图 5-36、图 5-37 可知，在 $20\text{m} \times 20\text{m} \times 3\text{m}$ 的地下车库中，本节提出的自主探索方法以较短的轨迹完成探索任务，且由于在探索过程中加入了环境增益，因此无人机在探索过程中，每一段飞行都能获取更多的环境增益，且由图 5-37 可以看到，旋翼无人机探索轨迹没有重复且十分光滑。

　　2. 基于环境增益的轨迹规划算法试验

　　用 5.2.1 小节～5.2.4 小节涉及的方法进行探索试验，以验证本节所提出方法的有效性和可实施性。

　　1) 仿真验证

　　仿真验证本节提出的方法，并将其与基于 FUEL 的自主探索方法[120]进行比较。为了对比的可靠性，本小节在 3 个不同的地图上进行了试验，这些地图类似于室内办公场景，结构复杂，探索难度大。为了使仿真更接近真实情况，本小节将所有测试的起点设置在地图的中心。此外，在 Intel i7-8550U CPU 上实时执行所有仿真和真实世界测试。

　　所有仿真测试的参数设置如表 5-7 所示。两种方法的参数一致，以确保对比的公平性。

表 5-7　仿真测试中的参数设置

参数	λ_s	λ_c	λ_d	λ_{bs}	w_t	v_{max} /(m/s)	a_{max} /(m/s²)	ζ_{max} /(rad/s)	λ_e
FUEL 本节方法	20.0	10.0	2.0	1.5	1.0	3.0	3.0	1.1	1.5

　　轨迹的特定特征可以根据任务的要求通过参数来改变。v_{max}、a_{max} 和 ζ_{max} 是

四旋翼的动力学极限。本小节设置这些参数的具体值以充分验证本节方法的改进效果。

λ_s、λ_c 和 λ_d 分别影响轨迹平滑性、安全性（到障碍物的距离）和动态可行性。λ_{bs} 和 w_t 是互相影响需要平衡的参数，影响两个观测点之间轨迹的平滑性和快速性。在本节方法中，λ_e 能够确定整个轨迹与环境中前沿信息的接近程度。以上参数均为权重值，当增加一个参数的值，相应优化项的权重也会增加。通过大量的仿真测试对参数不断进行优化，以满足自主探索不同环境的需要。

传感器的视场被设置为[80°×60°]，最大感知距离为4.5m。

为了避免结果的偶然性，每种方法在每个仿真地图中使用相同的初始参数测试5次。两种方法的结果如表5-8和图5-38所示。

表5-8　3个地图中的仿真结果

仿真地图	方法	探索时间/s			探索轨迹长度/m		
		最大值	最小值	平均值	最大值	最小值	平均值
1	FUEL	199.83	188.26	195.31	238.92	226.21	233.87
（30m×15m×3m）	本节方法	176.10	163.76	168.23	222.36	196.65	214.54
2	FUEL	249.28	226.90	234.51	282.67	263.32	275.20
（30m×20m×3m）	本节方法	221.07	203.55	210.74	276.82	253.35	264.48
3	FUEL	165.29	162.12	164.07	195.83	190.22	192.78
（30m×20m×3m）	本节方法	160.51	150.22	153.18	186.24	178.67	181.40

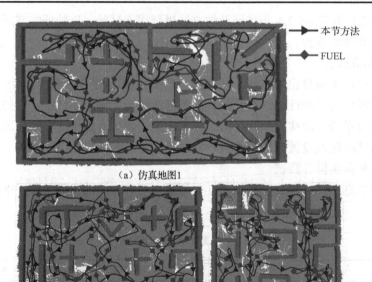

（a）仿真地图1

（b）仿真地图2　　　　　　（c）仿真地图3

图5-38　两种方法在不同仿真地图中的表现对比

仿真结果验证了关于重复规划导致轨迹冗余的猜想。如图 5-39 所示，基于 FUEL 的自主探索方法在经过弯道等复杂环境时，会遗漏部分环境信息，造成重复规划。加入了环境成本项的本节所提自主探索方法让无人机更智能地接近未探索区域，让局部探索更彻底，避免了对区域中一些小的、残留的部分探索不完全，从而提高了探索效率。

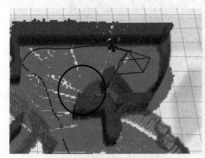
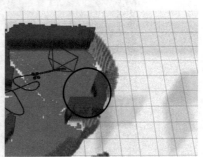

（a）基于FUEL的自主探索方法在仿真地图2中部分区域探索情况　　　（b）本节所提自主探索方法在仿真地图2中同一区域探索情况

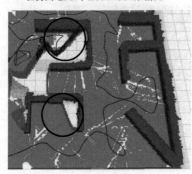
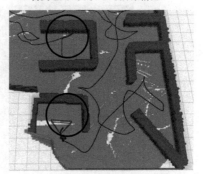

（c）基于FUEL的自主探索方法在仿真地图3中部分区域探索情况　　　（d）本节所提自主探索方法在仿真地图3中同一区域探索情况

图 5-39　复杂环境中两种方法的表现对比

本章通过单独规划偏航角来提高探索效率，尤其在空旷环境（图 5-40），这样在飞行过程中，无人机可以在相同的探索时间内发现更多的未知区域。

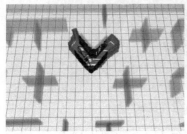
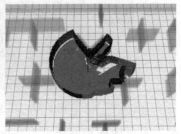

（a）基于FUEL的自主探索方法　　　　　（b）本节所提自主探索方法

图 5-40　空旷环境下两种方法的表现对比

2）真实世界测试

在如图 5-41 所示环境下进行真实世界试验，以证明本节所提自主探索方法的实际适用性和有效性。

图 5-41　真实世界测试环境

试验用无人机硬件配置和平台分别如表 4-5 和图 4-19 所示。为了验证本节所提自主探索方法的稳定性，本小节在场景中进行了多次试验。$v_{max}=1.0\text{m/s}$、

$a_{\max}=0.5\mathrm{m/s^2}$ 和 $\zeta_{\max}=1.1\mathrm{rad/s}$ 为设置的四旋翼动力学限制。如图 5-42～图 5-44 所示，与仿真测试类似，无人机通过合理的轨迹规划（包含偏航角），快速获取周围的环境信息。此外，得益于环境成本项，无人机直到彻底探索完角落区域才会前往其他区域继续探索，避免了因没有充分探索小区域需要重复规划而导致长时间飞行。

图 5-42　在空旷区域更快速地探索

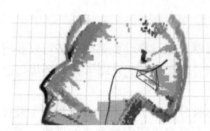 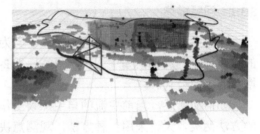

图 5-43　在角落区域 1 更彻底地探索

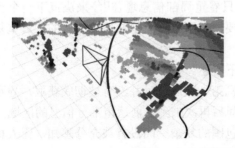 

图 5-44　在角落区域 2 更彻底地探索

通过图 5-45 可以看出，在真实世界试验中，本节提出的针对自主探索任务的改进轨迹规划方法减少了重复规划造成的轨迹冗余，提高了整体的探索效率。

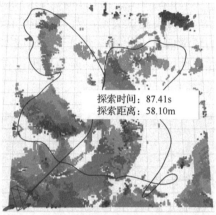

（a）基于FUEL的自主探索方法　　　　（b）本节所提自主探索方法

图 5-45　在真实世界试验中两种方法的表现对比

5.3　基于高斯采样的微型旋翼无人机自主探索观测点生成和决策方法

5.3.1　问题描述

在自主探索中，环境信息增益被定义为机器人通过移动到某个姿势可以获得的关于环境的新信息量[125]。文献[88]、[124]、[126]、[127]介绍了计算环境信息增益的不同公式。

如前文所述，当前主流的自主探索工作可被分为基于前沿的方法和基于采样的方法两类。无论采用何种方法，观测点决策都是自主探索最重要的模块，因为它直接决定自主探索的效率。然而，大多数方法只是简单地使用贪心和单一的策略，如选择欧氏距离最近的观测点[88]或只看重局部信息增益[128]来决策下一个目标点。一些工作忽略了观测点决策的重要性，不可避免地导致了低效的频繁重复的探索。

造成重复探索的典型和常见情况如下所述。

在大规模环境中，前沿信息在无人机第一次通过时并没有被彻底获取，导致无人机需要在探索完相距很远的其他空间后再次来到之前遗留部分信息的区域。

在杂乱的环境中，被障碍物和角落包围的复杂空间没有被充分感知，无人机需要付出高昂代价再次导航。

针对上述问题，本书提出一种名为 ECHO 的高效的启发式观测点决策方法[129]。如图 5-46 所示，ECHO 方法包含观测点生成、评估和优化。

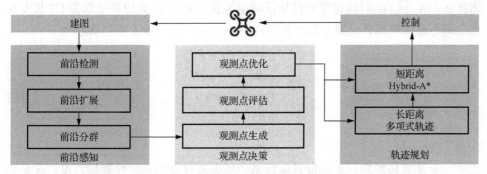

图 5-46　ECHO 方法框架流程

ECHO 方法在创建多个前沿簇后，使用高斯分布采样器为每个前沿簇生成足够数量高质量候选观测点，并在每个前沿簇中选择覆盖前沿信息最多的某个观测点。在此基础上，该方法设计了一个全面的灵活启发式函数来评估每个观测点的成本，并将评估得到的最佳观测点作为下一个目标点。当观测点与当前位置之间的距离太近而触发优化策略时，为了安全和节能起见，将对最佳观测点进行优化。因此，确定下一观测点后，通过轨迹规划驱动无人机到达该观测点，不断重复迭代此过程进行探索工作，直到地图中不存在任何前沿信息。

5.3.2　基于高斯采样的观测点生成方法

基于文献[120]提出的增量式前沿信息结构，生成众多前沿簇。前沿信息被障碍物精细地分成簇并得到每个前沿簇的平均位置 $P_f = \{P_{fx}, P_{fy}, P_{fz}\}$。

1. 观测点采样生成

在以往的工作中，类 RRT 算法被用来在空闲空间中进行随机采样[124, 126-127]，但是这些算法消耗大量的时间和计算资源来生成和保持大规模空间中的稀疏候选观测点，因此它们并不适用于前沿附近的采样。此外，文献[120]所代表的工作在边界簇附近以固定的方法进行均匀采样，并不能保证采样的随机性，影响初始候选观测点的质量。

受文献[130]通过 3D 高斯采样器在轨迹优化中快速生成飞行走廊的启发，本章提出一种用于更高质量候选观测点采样的 2D 高斯采样器[129]。在随机采样方法中，充分考虑了传感器水平视场角 α_{fov}、最大传感器距离 s_{dis} 以及连接同一簇中两个最远边界点的向量 L_f（簇的大小）。

通过将所有采样点的 Z 轴坐标设置为与 P_{fz} 相同，在 3D 空间中应用 2D 高斯分布 $N(\mu, \Sigma)$。为了生成随机候选观测点 $VP_c = \{VP_{cx}, VP_{cy}, VP_{cz}\} \in \mathbb{R}^3$，优化的采样

均值 $\mu = \{\mu_x, \mu_y\} \in \mathbb{R}^2$ 被设置为已知区域中垂直于 L_f 且距离边界平均值 1/2 长度的点，而不是简单地以边界平均值为采样中心。协方差矩阵 Σ 可以表示为

$$\begin{cases} \Sigma = AA^{\mathrm{T}}, \quad A = RS \\ R = \begin{bmatrix} \cos\theta & -\sin\theta \\ \sin\theta & \cos\theta \end{bmatrix} \\ S = \begin{bmatrix} S_x & 0 \\ 0 & S_y \end{bmatrix} \end{cases} \tag{5-36}$$

式中，R 是旋转矩阵；θ 是世界坐标系中所有采样点的顺时针旋转角度；S 是表示相对标准拉伸或压缩程度的比例矩阵。矩阵参数 θ、S_x 和 S_y 可以通过如下公式得到：

$$\theta = 2\pi - \arccos\frac{L_f \cdot v_Y}{\| L_f \| \cdot \| v_Y \|} \tag{5-37}$$

$$\begin{cases} S_x = \sqrt{\dfrac{S_{\mathrm{dis}} \cdot \tan(\alpha_{\mathrm{fov}} / 2)}{\| L_f \|}} \\ S_y = \dfrac{1}{S_x} \end{cases} \tag{5-38}$$

式中，v_Y 是平行于世界坐标系中 Y 轴的向量。

2. 各簇观测点选取

在获得各簇足够的随机候选观测点后，需要选择覆盖前沿信息最多的最佳候选观测点来表示其对应的前沿簇。

本节采用类似于文献[120]中的计算方法来确定观测点的最佳偏航角，具体过程如算法 5-4 所示。

算法 5-4　偏航角计算方法

1:	**输入：** 候选观测点 VP_c，各簇前沿点 $P_{f1}, P_{f2}, \cdots, P_{fn}$
2:	**输出：** 候选观测点偏航角 $\mathrm{VP}_{\mathrm{yaw}}$
3:	初始化 all_yaw = 0; ref_dir = (P_{f1} - VP_c).**normalized()**;
4:	**for each** P_{fi} in the Cluster $P_{f1}, P_{f2}, \cdots, P_{fn}$ **do**
5:	dir = (P_{fi} - VP_c).**normalized()**;
6:	yaw = **acos**(dir.**dot**(ref_dir)); all_yaw += yaw;
7:	**end for**
8:	$\mathrm{VP}_{\mathrm{yaw}}$ = all_yaw/n + **atan2**(ref_dir[1], ref_dir[0]);

随后，通过评估当前位置在传感器范围内能够覆盖的第 i 个簇群前沿信息数量，选择本簇群的候选观测点 $\mathrm{VP}_i = \{\mathrm{VP}_{ix}, \mathrm{VP}_{iy}, \mathrm{VP}_{iz}, \mathrm{VP}_{iyaw}\}$。请注意，如果有两个以上候选观测点具有相同的最大覆盖前沿信息数量时，则最终选择离无人机当前位置最近的观测点。

3. 结果和分析

如前文所述，高效的观测点生成方法是提高探索效率的基础。如图 5-47 所示，均匀分布[120]总是以相同的策略在前沿平均值附近选择候选观测点，而落入未知区域的点将被剔除。同时，均匀分布要极为仔细地设置点数和间隔，以平衡采样时间和质量。Levy 分布是另一种具有重尾特征的随机抽样方法，它产生的大部分点集中在一个小区域内，而少数点则分散于其他大区域。它高度依赖于参数设置，显得极端和不可控。本章提出的采样方法可以根据前沿簇群大小和传感器范围随机生成更合理的候选观测点，对于不同的情况更加灵活。

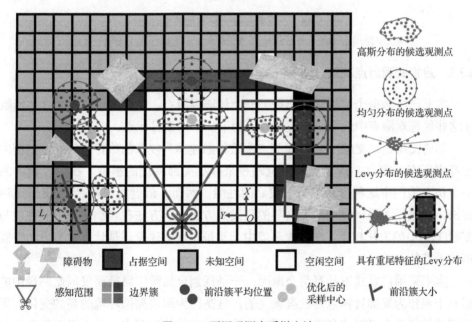

图 5-47　不同观测点采样方法

上述三种方法在仿真地图办公室 1（5.3.4 小节）中进行了测试，将探索过程中的采样时间和观测点质量（视点覆盖边界的最大数量）作为对比指标来评估本章方法的有效性。如图 5-48 所示，本章方法可以更快地生成更有效的初始候选观测点，从而捕获更多的环境信息。同时，由于传感器具有感知范围，不需要深入前沿内部进行前沿区域的覆盖。因此，本章方法——考虑传感器感知范围和前沿簇大小的高斯采样方法可以减少探索所需的不准确决策和规划次数。

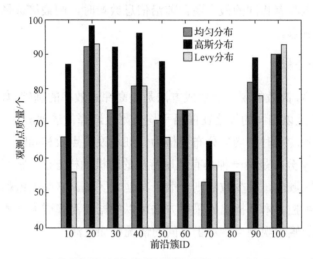

图 5-48　不同观测点采样方法效果对比

平均采样时间：均匀分布为 4.13ms，高斯分布为 2.31ms，Levy 分布为 2.18ms

5.3.3　启发式观测点决策方法

本书已经从每个前沿簇中选择了一个候选观测点，需要通过启发式评估函数在这些候选观测点中选取最佳观测点作为下一个局部目标点。

如前文所述，文献[120]将观测点决策问题建模为复杂的旅行商问题，试图通过考虑所有观测点并规划全局游览路径来减小局部最优的影响。在自行设计的小型仿真地图中这种方法取得了较好的性能。然而，最近的工作[125]质疑了这种方法，并采用了另一种简单而贪婪的启发式方法。该方法在较小环境中的性能与文献[120]中的方法相当，在较大环境中无论是在探索速度还是计算效率方面性能都优于其他。

本书采用启发式方法有两个原因：一是规划全局游览路径而仅以此路径中的第一个点作为局部目标点是没有意义的，这是因为周围局部环境的高频变化和更新可能使得无人机在信息更新时无法到达当前决策的观测点，无人机不得不去到新的观测点。二是满足让未知空间被完全访问覆盖的要求，应更加关注当前的即时信息和访问顺序。

因此，本小节设计了启发式评估函数，以提高当前的即时信息增益，避免不必要的重复探索。同时，为了安全和节能，本小节采取了观测点优化策略。

1. 启发式函数设计

1）边界代价

探索空间有其边界，而不完善的观测点决策策略会导致无人机彻底探索边界区域的成本更高。如图 5-49 所示，在无人机经过长距离规划导航后首次到达边界区域时，仍然遗留了部分未知的环境信息，使得其在完成对其他空间的探索后，需要以更高的成本反复重新探索该边界，尤其是在大范围环境中。

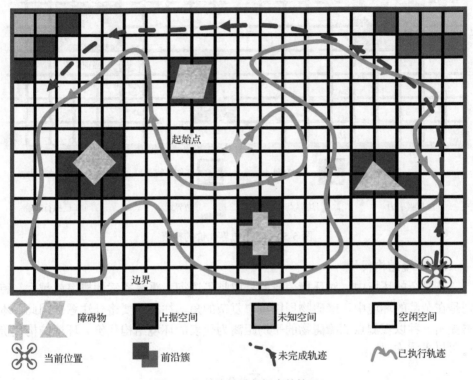

图 5-49　对边界重复探索的情况

因此，本书提出一种创新性的边界成本，以避免昂贵的边界探索成本。边界代价 c_b 包括边界点代价 c_{bp} 和边界线代价 c_{bl}，其计算如下：

$$c_b = \lambda_{bp} c_{bp} + \lambda_{bl} c_{bl} \tag{5-39}$$

式中，c_{bp} 是候选观测点 VP_i 到边界点的最小距离；c_{bl} 是候选观测点 VP_i 到边界线的最小垂直距离。

有了边界代价设置，如图 5-50 所示，无人机会在虚拟吸引力的影响下首先关注边界区域，避免不必要的长距离重复探索。

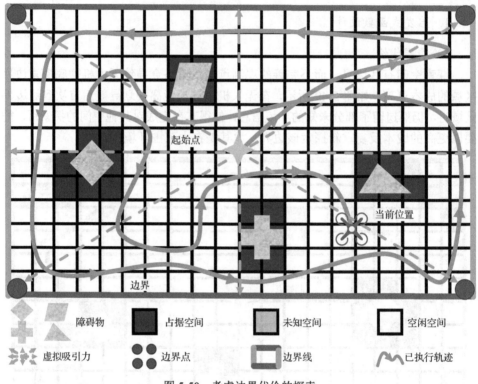

图 5-50　考虑边界代价的探索

2）环境结构代价

在复杂的环境中，对环境信息的获取越不透彻，重复探索的概率就越大。特别是在杂乱的环境中，障碍物周围狭窄复杂的角落往往需要格外注意。因此，本书提出一种以观测点到障碍物的平均距离为代表的环境结构代价。环境结构代价 c_e 可以表示为

$$c_e = \frac{\sum\limits_{i=1}^{n} \| P_i - P_f \|_2}{n} \tag{5-40}$$

式中，P_i 为采样生成的陷在障碍物中的候选观测点的位置；n 为陷在障碍物中的候选观测点的数量。

3）方向改变代价

为了运动的一致性，本书提出方向改变代价来评估运动方向的变化。在这里，方向改变代价定义为

$$c_d = \arccos \frac{(P_{uav} - VP_i) \cdot v_{uav}}{\| P_{uav} - VP_i \| \cdot \| v_{uav} \|} \tag{5-41}$$

式中，v_{uav} 为无人机当前的速度。

4）距离代价

受文献[120]的启发，本节将采用 A*算法搜索到的可行路径视为当前位置与观测点之间的真实距离。与使用欧氏距离的传统方法相比，在自主探索中使用 A* 算法的效率更高、更为合理，且计算成本可忽略不计，即

$$c_{dis} = AstarPathLength(P_{uav}, VP_i) \tag{5-42}$$

因此，第 i 个候选观测点的总代价被表示为

$$c_{total,i} = \lambda_b c_b + \lambda_e c_e + \lambda_d c_d + \lambda_{dis} c_{dis} \tag{5-43}$$

式中，λ_b、λ_e、λ_d 和 λ_{dis} 为正值参数。成本最低的观测点将在优化检查前暂时作为下一个观测点。

2. 观测点优化策略

在此之前，下一个观测点的位置 $VP_{next} \in \mathbb{R}^3$ 和偏航角 ψ_{next} 是在采样和评估之后确定的。然而，即使评估后选择的观测点在数值上是最优的，但在实际探索过程中，极短距离的位置运动对于完整环境信息获取往往并不是必需的。此外，受环境结构代价的影响，无人机往往会探索复杂的弯道，距离较近但偏航角变化较快的规划缺乏感知，容易与障碍物发生碰撞。

为此，本章提出一种为了节能和安全的观测点优化策略。当 A*算法计算出的当前位置 P_{uav} 到下一个观测点位置 VP_{next} 的距离小于阈值 D_{ref} 时，将触发此优化策略。最终目标点位置 $P_{target} \in \mathbb{R}^3$ 用当前位置 P_{uav} 代替，而最终目标点偏航角 ψ_{target} 则是使用上文中相同方式计算优化后的偏航角。这样，VP_{next} 对应的环境信息增益获取也可以由在位置 P_{uav} 的偏航角 ψ_{target} 完成，因为在这种极度接近的情况下总会有潜在的等效观测点存在。更多细节可以在算法 5-5 中了解。

算法 5-5　观测点优化策略

1:	**输入：** 无人机当前位置 P_{uav}，下一个观测点的位置 VP_{next} 和偏航角 ψ_{next}，阈值 D_{ref}
2:	**输出：** 最终目标点位置 P_{target}，最终目标点偏航角 ψ_{target}
3:	初始化　P_{uav}，VP_{next} = **GetOriginalVP**();
4:	AstarDistance = **CalAstarPathLength**(P_{uav}，VP_{next});
5:	**If** (AstarDistance < D_{ref})**then**
6:	P_{target} = P_{uav};
7:	ψ_{target} = **UpdateNewYaw**(P_{uav});
8:	**Else**
9:	P_{target} = VP_{next}，$\psi_{target} = \psi_{next}$

5.3.4 试验

1. 数字仿真

如图 5-51 所示，通过与经典的基于前沿的自主探索方法 FUEL[120]进行比较，设置了包括 3 个办公室和 1 个柱状森林在内的丰富场景来验证本节方法。为了验证本章方法在几乎所有场景中的可扩展性并可获得出色的探索结果，本试验使用了 FUEL 提供的相同仿真地图。

在所有仿真中，动力学限制设置为 $v_{max} = 2.0\text{m/s}$、$a_{max} = 3.0\text{m/s}^2$ 和 $\xi_{max} = 0.9\text{rad/s}$。启发式函数权重设置为 $\lambda_b = 0.4$、$\lambda_e = 0.3$、$\lambda_d = 0.2$ 和 $\lambda_{dis} = 0.1$。传感器的水平视野设置为 60°，最大感知距离为 4.5m。对于具有相同初始配置的两种方法，在每个场景中都使用相同的计算设备进行了 10 次以上的测试。

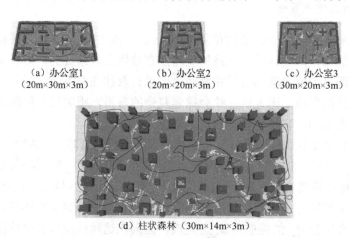

（a）办公室1	（b）办公室2	（c）办公室3
（20m×30m×3m）	（20m×20m×3m）	（30m×20m×3m）

（d）柱状森林（30m×14m×3m）

图 5-51　仿真地图

1）办公室场景

本章使用 3 种不同的杂乱办公室场景来验证 ECHO 方法在典型室内环境中的有效性。在探索过程中，四旋翼飞行器首先访问了边界空间，并格外注意障碍物周围的复杂角落。如图 5-52（a）～（c）所示，ECHO 方法可以以几乎恒定不变的速率完成全覆盖的探索。表 5-9 中仿真结果表明，在 3 种室内办公场景中，与 FUEL 相比，本章方法可以将探索效率提高 15%～25%。

2）柱状森林

在障碍物均匀分布的森林中，本章的方法也可以在访问其他空间之前完成对局部空间的彻底探索。探索的关键要求之一是完全覆盖，这表明最好以稳定的线速度获得环境信息增益，并且以较小的成本来弥补环境信息增益的遗漏部分。

图 5-52（d）与表 5-9 的结果表明，与 FUEL 相比，本章的方法可以在整个探索过程中高效稳定地捕获环境信息增益。

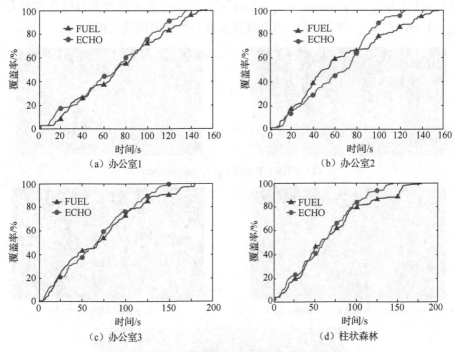

图 5-52　仿真下探索过程中覆盖率随时间的变化

表 5-9　仿真结果

场景	方法	探索时间/s			探索轨迹长度/m		
		平均值	最大值	最小值	平均值	最大值	最小值
办公室 1	FUEL	168	176	146	223	248	211
	ECHO	123	147	118	197	208	189
办公室 2	FUEL	140	148	134	189	200	176
	ECHO	112	131	105	163	189	150
办公室 3	FUEL	168	180	159	228	245	217
	ECHO	143	157	131	195	216	191
柱状森林	FUEL	155	166	149	210	220	199
	ECHO	140	163	131	196	217	182

2. 真实世界测试

现实世界中存在更多的随机干扰，对本章所提方法 ECHO 的实现提出了更大的挑战。为了进一步验证本章方法的实用性和稳定性，本章在如图 5-53 所示室内篮球场、室内实验室和室外公园使用自主开发的机载飞行平台进行了真实世界的测试。以上场景代表自主探索的常见应用场景。在大型篮球场测试中,动力学运动限制设置为 $v_{\max} = 1.5\text{m/s}$, $a_{\max} = 2.0\text{m/s}^2$,在杂乱的实验室和公园中被设置为 $v_{\max} = 1.0\text{m/s}$ 和 $a_{\max} = 1.2\text{m/s}^2$ 。所有其他参数与仿真中的设置相同。

（a）充满障碍物的篮球场（25m×15m×3m）

（b）杂乱的室内实验室（12m×8m×3m）　　　　（c）室外公园（28m×12m×3m）

（d）自主开发的机载飞行平台

图 5-53　真实世界测试条件

在真实世界测试中,包括定位、规划和控制在内的所有算法模块都在大疆妙算 2C 上实时运行。本章的方法和 FUEL 在相同条件下分别进行了至少 5 次测试,以验证稳定性能和安全性。

在几乎所有的实际测试中,使用旅行商问题求解决策问题的 FUEL 都没有解决局部最优问题。它漫无目的地确定下一个观测点,并在访问过的空间附近遗留前沿信息,导致需要通过漫长的旅程回到以前的空间进行第二次探索。如图 5-54 和图 5-55 所示,FUEL 在探索过程的后半段出现了显著的效率下降,这与高效完整

　　的环境信息获取需求相矛盾。由于采取了考虑环境信息获取的更有效的观测点决策方法，本章的方法——ECHO 彻底探索了访问空间，避免了重复工作，并以稳定的效率完成了探索。表 5-10 表明本章的方法可以在多次验证中稳步提高探索效率。

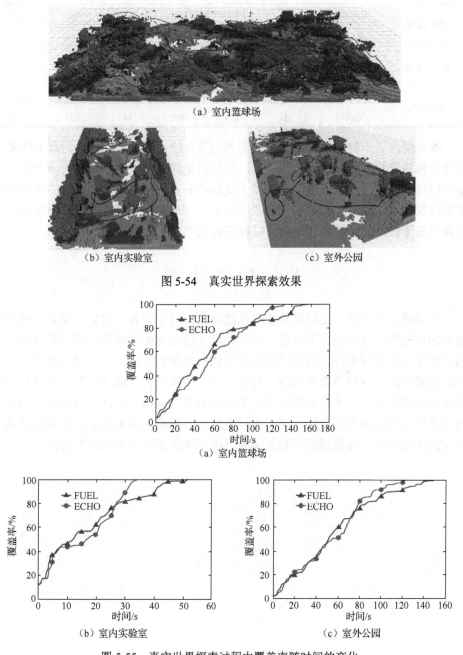

（a）室内篮球场

（b）室内实验室　　　　　　　　　　　（c）室外公园

图 5-54　真实世界探索效果

（a）室内篮球场

（b）室内实验室　　　　　　　　　　　（c）室外公园

图 5-55　真实世界探索过程中覆盖率随时间的变化

表 5-10　真实测试结果

场景	方法	探索时间/s			探索轨迹长度/m		
		平均值	最大值	最小值	平均值	最大值	最小值
室内篮球场	FUEL	162	168	147	171	180	154
	ECHO	132	144	120	145	165	128
室内实验室	FUEL	48	61	43	62	75	55
	ECHO	38	46	31	53	59	46
室外公园	FUEL	153	164	141	179	187	163
	ECHO	121	133	117	147	159	134

本章提出了一种有效的启发式观测点决策方法，用于基于前沿的自主探索，该方法包括观测点生成、评估和优化。作为自主探索框架中最重要的部分之一，本章提出的观测点决策方法可以减少重复和不必要的探索，并以稳定的效率显著缩短探索时间和轨迹。本章的方法在不同的仿真和实际测试环境中得到验证，与经典的基于前沿的方法相比，它可以将探索效率提高 15%～25%。

5.4　本 章 小 结

本章将自主定位、建图以及在线轨迹规划应用于无人机的自主探索，将基于前沿的自主探索方法进行了改进。本章针对飞行过程中环境信息的浪费问题，提出了基于飞行过程中环境信息增益的启发式自主探索方法；针对现有观测点决策方法导致整体探索效率低的问题，提出了基于高斯采样的微型旋翼无人机自主探索观测点决策方法；考虑到自主探索的实际场景，提出了不同于前面章节的轨迹规划方法与偏航角规划方法，使无人机更好地适应自主探索任务。本章还对以上涉及的方法进行了仿真试验和实机试验，结果验证了所述方法的有效性。

第 6 章 微型旋翼无人机协同探索方法

6.1 引　　言

与单无人机相比，多无人机协同探索可以在线协调无人机的探索区域和探索轨迹，实现无人机之间的分工与合作，能在短时间内收集更多的环境信息，减少探索所需时间，并且具有鲁棒性、冗余性和可靠性等优点。本章中多无人机协同探索问题的实质是针对复杂未知的室内环境，利用传感器在尽可能短的时间内完成任务区域的信息获取并建立地图。随着传感器技术和嵌入式计算技术的发展，无人机的感知能力和在线计算能力得到很大提升，多无人机协同探索逐渐由面向二维场景、集中式架构转变为面向三维复杂场景和更灵活的分布式架构。然而，要想实现未知室内环境下的多无人机分布式协同探索，还涉及如何轻量化地表征三维环境和共享地图、如何提升分布式探索决策规划的效率等重点和难点。

本章中，6.2 节从数学的角度对协同探索问题进行分析和描述，并提出一种分布式协同探索系统的基本框架[131]；6.3 节基于二进制形式的八叉树设计一种轻量级地图表征与融合方法，实现环境地图的共享，并与传统方法进行了试验对比；6.4 节提出一种基于非对称旅行商（ATSP）问题的分布式任务分配方法；6.5 节基于 B 样条曲线对多无人机的轨迹进行规划，使得多无人机能在未知环境中进行协同探索；6.6 节对整个多无人机协同探索进行数字仿真试验与实机试验。

6.2　协同探索问题描述与基本框架

6.2.1　多微型旋翼无人机协同探索问题描述

本章中多无人机协同探索问题可描述为一组携带双目相机的无人机在未知但有界的室内环境进行自主探索并建立表征环境的三维地图，这一过程可描述为一个四元数组 (R, P, C, S) 。

$R = \{r_1, r_2, \cdots, r_n\}$ 表示参与探索任务的 n 个无人机集合。

$P = \left\{ p_T^{r_1}, p_T^{r_2}, \cdots, p_T^{r_n} \right\}$ 表示无人机集合在探索过程中的状态集合，为了表达方便，将 T 表示为 m 个离散时间间隔的集合，即 $T = \{t_1, t_2, \cdots, t_m\}$ ，则 $p_T^{r_i} = \left\{ p_t^{r_i} \right\}_{t=t_1, t_2, \cdots, t_m}$

表示整个探索过程中无人机的运行轨迹，$\{p_t^{r_i}\} = [\text{pos}_t^{r_i}, \xi_t^{r_i}]$ 表示无人机 r_i 在第 t 时刻的状态，其中 $\text{pos}_t^{r_i} = [x_t^{r_i}, y_t^{r_i}, z_t^{r_i}]$ 表示无人机在三维空间中的位置，$\xi_t^{r_i}$ 表示姿态。本章假设双目相机和无人机之间是刚性连接，则 $p_t^{r_i}$ 也可看成相机的位置和朝向角。

$C(P) \leqslant 0$ 表示无人机在探索过程中状态约束的集合，如无人机与障碍物之间的避障约束、无人机与无人机之间的避碰约束以及无人机本身的动力学约束等。

$S \in \mathbb{R}^3$ 表示探索任务所在的三维空间，假设该空间是一个立方体，其长、宽、高分别为 L、W、H。

室内环境下多无人机协同探索就是找到一组状态集合，使得无人机能在三维环境中进行快速安全的导航，在最短时间内完成探索任务。假设用 $t_m(P)$ 表示无人机集合完成状态集合 P 所需时间，则本章中的协同探索问题可抽象成如下的优化问题：

$$\begin{cases} P^* = \arg \cdot \min t_m(P) \\ \text{s.t.} \quad C(P) \leqslant 0 \end{cases} \tag{6-1}$$

式中，P^* 表示所有无人机的最优状态集合，存储着无人机在离散时间下的位置和姿态信息。无人机沿着状态集合 P^* 不断运动，通过双目相机感知环境信息并建立地图，从而在尽可能短的时间内完成协同探索任务。

6.2.2　多微型旋翼无人机协同探索基本框架

从 6.2.1 小节中的问题描述可以看出，多无人机协同探索问题的实质就是确定一组无人机集合的状态序列 P，使得探索时间尽可能短，然而，由于环境是事先未知的，因此无法进行离线的决策规划，也就很难获得最优解。目前，通常的做法是以一种迭代的方式，根据探索过程中在线获取的环境信息，通过适当的启发式方法对无人机的下一步行为进行决策。根据包以德循环（OODA）理论[132]，这一过程可抽象为如图 6-1 所示协同探索基本框架。

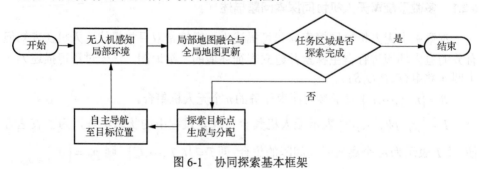

图 6-1　协同探索基本框架

该框架主要包含以下四个步骤。

步骤 1：无人机感知局部环境。本章中无人机携带双目相机作为感知传感器。

步骤 2：无人机根据感知信息完成对环境的认知，若任务区域已全部探索完，则结束探索任务，否则进入步骤 3。

该步骤包括自主定位与建图、地图融合等环节，本章主要关注地图的表征形式和地图融合的机制。

步骤 3：探索目标点生成与分配。无人机根据收集到的环境信息从环境中提取出一个或多个潜在的目标位置（探索策略），并为每个无人机分配合适的探索目标点（任务分配）。

步骤 4：自主导航至目标位置。这一步骤包含轨迹规划和无人机的运动控制。

在本章的协同探索问题中，上述过程以一种迭代的形式进行，直至整个任务区域被探索完。本章将步骤 2 中的地图表征、地图融合和步骤 3 中的探索策略统称为环境表征与观测点评价方法（6.3 节），其中前沿搜索（5.2.1 小节）与观测点生成评价（5.3 节）均已介绍，不再讨论。将步骤 3 中的任务分配和步骤 4 中的轨迹规划统称为协同决策与规划方法（6.4 节、6.5 节），其中动态规划策略（5.2.3 小节）已经介绍，不再讨论。本章分布式协同探索的基本框架如图 6-2 所示。

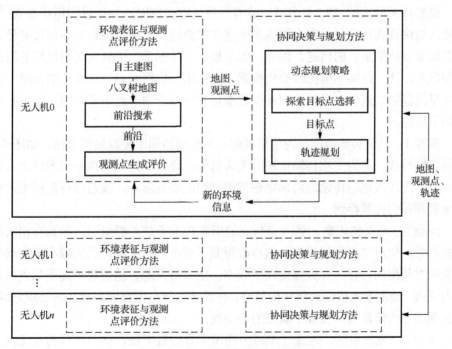

图 6-2　分布式协同探索的基本框架

6.3　基于二进制八叉树的轻量级地图表征与融合方法

环境地图在协同探索过程中承担着十分重要的角色，它不仅是无人机导航的依据，也是信息共享中的重要内容，更是整个系统最终的输出结果。在协同探索过程中，建图工作实际上包含协同定位与建图两部分内容，是一项十分有难度的工作，其难点在于由传感器误差造成的定位结果不准，会导致无人机的局部地图进行融合时存在误差，若不采取合适的措施，该误差会随着时间的推移越来越大，最终可能导致无法获得正确的全局地图。近年来，许多学者[133-139]开始研究多无人机协同定位与建图问题，试图解决无人机之间的相对定位与地图融合问题，但这不是本节的研究重点，本节主要关注地图的表征与融合方法。因此，本节对定位问题进行简化，假设无人机能获取精确的定位结果，着重研究地图的轻量级表征形式和融合方法。

6.3.1　基于二进制八叉树的地图融合方法

虽然八叉树地图（3.2.1 小节）能有效减少存储空间，并可以利用哈希表[140]等措施加快查询速度，但在大型场景中建立的全局八叉树地图仍然存在数据量大和查询节点计算量大的问题。因此，本节提出一种基于二进制八叉树地图的局部地图融合方法，在共享地图时会先根据无人机所处位置和朝向计算局部范围，通过共享局部的二进制八叉树地图减少数据量并缩短查询节点所需时间。其主要步骤如下所述。

步骤 1：确定局部范围。为便于理解，从全局地图中提取局部范围，如图 6-3 所示二维形式，A 为上次传输地图时无人机的位置，B 为此次传输地图时无人机的位置，则此次地图传输的局部地图范围可用虚线框表示，该范围可根据无人机的位置和朝向计算得到。

步骤 2：八叉树修剪。当一个节点的所有八个子节点都相同，即具有相同的占据值时，便对节点进行修剪，这样就得到了更小的八叉树，大大减小了在遍历八叉树时使用的内存，并大幅提高了效率。定义节点的占据值等于其子节点的最大占用值。使用最大值是最保守的策略，在后续进行自主探索决策和轨迹规划时，不会漏掉任何障碍物，保障了轨迹的安全性。

步骤 3：地图编码。为进一步减少地图共享的数据量，将修剪后的八叉树地图转换成二进制形式。如图 6-4 所示，对于一个八叉树节点，按图示顺序编号成八个子节点，并按照表 6-1 所示规则进行二进制编码。例如，对于一个节点，若其 1~4 号子节点均为空闲状态，5~8 号子节点分别为空闲状态、占据状态、未知状态和包含多个子节点状态，则该节点可编码为一个二进制数1010101010010011。

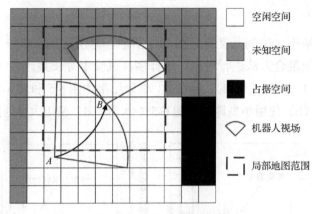

图 6-3　局部范围示意图

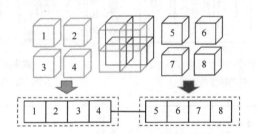

图 6-4　八叉树子节点编号示意图

表 6-1　八叉树节点二进制编码规则

数据	含义
10	空闲子节点
01	占据子节点
00	未知子节点
11	子节点还有子节点

　　步骤 4：地图解码。当接收到其他无人机广播的地图信息后，无人机查询该局部范围内的节点信息，当节点未知时，则查询其他无人机地图中对应节点的二进制信息，并更新该节点的状态信息。对于该范围内状态已知节点，优先选择相信自身传感器感知到的状态，因此不对它进行更新。

　　通过以上四个步骤，即可完成两个无人机之间的一次地图共享行为，本节针对分布式协同探索，在探索过程中设定共享地图的间隔时间 t_{inte}，把无人机的局部地图信息通过局域网进行广播，则可完成整个协同探索过程中所有无人机之间的地图共享。

6.3.2　试验对比

　　将本节中基于二进制八叉树地图的地图融合方法与基于传统八叉树地图和栅格地图的地图融合方法进行对比，统计多次试验中时长共计 200s 的地图数据量，使用与 5.2.1 小节中相同的试验参数，试验结果如图 6-5 和表 6-2 所示。其中，图 6-5（a）和（b）使用小型地图，图 6-5（c）和（d）使用大型地图。

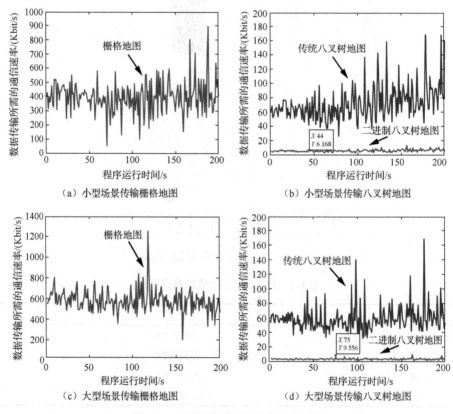

（a）小型场景传输栅格地图　　　　　　（b）小型场景传输八叉树地图

（c）大型场景传输栅格地图　　　　　　（d）大型场景传输八叉树地图

图 6-5　不同场景地图传输数据量对比

　　从表 6-2 可以看出，在小型地图中，若采用存储占据概率的栅格地图，地图数据传输所需的通信速率大致为 400Kbit/s；若使用传统八叉树地图，所需通信速率大约是 70Kbit/s；若采用二进制八叉树地图，所需通信速率大幅下降至 5Kbit/s 左右，与前两者相比，降幅分别约为 98.8% 和 92.9%。在大型地图中，若采用存储占据概率的栅格地图，地图数据传输所需的通信速率大致为 600Kbit/s；若使用传统八叉树地图，所需通信速率大约是 70Kbit/s；若采用二进制八叉树地图，所需通信速率大幅下降至 5Kbit/s 左右，与前两者相比，降幅分别约为 99.2% 和 92.9% 。因此，在不同大小的任务场景中，本节提出的方法与传统方法相比，在数据传输量上均有大幅的下降。

表 6-2　不同场景地图传输数据量对比结果

| 地图种类 | 地图数据传输所需通信速率/（Kbit/s） | | | | | |
| | 小型场景 | | | 大型场景 | | |
	最大值	平均值	最小值	最大值	平均值	最小值
栅格地图	893.12	406.47	53.12	1775.94	597.15	127.98
传统八叉树地图	215.21	72.54	25.21	177.14	66.65	27.18
二进制八叉树地图	12.73	5.35	2.04	13.33	4.84	2.45

6.4　基于非对称旅行商问题的分布式任务分配方法

目前，多无人机分布式协同探索过程常采用基于拍卖机制的合同网算法对探索任务进行分配，该方法流程较为复杂，且大多只考虑下一个目标点的选取，是一种局部最优解，因此效率较低。本节针对这一问题，提出"最小邻居距离"的概念，通过定时共享无人机的下一个目标点，将多无人机的分布式探索任务分配问题降维成各个无人机的探索任务选择问题，并在探索任务选择时根据已知信息建立旅行商问题（traveling salesman problem, TSP）的模型，然后采用经典的 LKH[141]方法进行求解，从而进行一种"长期"的规划。

1.　非对称旅行商问题建模

TSP 是一个经典的组合优化问题。如图 6-6 所示，标准的 TSP 可以描述为一个商品推销员要去若干个城市推销商品，该推销员从一个城市出发，经过所有城市后，需要回到出发地，应如何选择行进路线，以使总的行程最短。

本节从时间消耗的角度，增量式地建立了由时间下界 t_{lb} 组成的观测点之间的代价矩阵 L_{cost} 。为了对无人机的探索任务进行合理的全局规划，本节建立非对称旅行商问题（asymmetric TSP, ATSP）的模型，在 L_{cost} 的基础上，建立代价矩阵 M_{tsp} 。

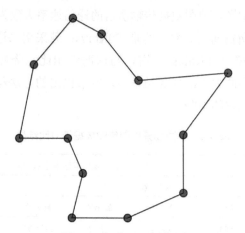

图 6-6　标准 TSP 示意图

假设对于单个无人机来说，存储的前沿信息包含 N_{vie} 个观测点，则 M_{tsp} 是一个 $N_{\text{vie}} +1$ 维的方阵。其中，$N_{\text{vie}} \times N_{\text{vie}}$ 维的子方阵为

$$M_{\text{tsp}}\left(k_1, k_2\right) = M_{\text{tsp}}\left(k_2, k_1\right) = t_{\text{lb}}\left(x_{k_1}, x_{k_2}\right), \quad k_1, k_2 \in \left\{1, 2, \cdots, N_{\text{vie}}\right\} \quad (6\text{-}2)$$

该子方阵表示候选观测点之间的代价矩阵。其中，t_{lb} 表示两个前沿最优观测点之间运动所花费的最小时间，通常为两个前沿最优观测点的无碰撞距离除以最大速度。

M_{tsp} 的第一行 $M_{\text{tsp}}(0, k)$ 表示无人机当前位置 $x_0 = (p_0, \xi_0)$ 与 N_{vie} 个观测点之间的代价，在很大程度上决定了下一个目标点的选取，计算公式如下：

$$M_{\text{tsp}}\left(0, k\right) = \omega_t \cdot t_{\text{lb}}\left(x_0, x_{k,1}\right) + \omega_s \cdot c_s\left(x_{k,1}\right) + \omega_v \cdot c_v\left(x_{k,1}\right), \quad k \in \left\{1, 2, \cdots, N_{\text{vie}}\right\} \quad (6\text{-}3)$$

式中，ω_t、ω_s、ω_v 表示相应的权重系数；$c_s\left(x_{k,1}\right)$ 表示集群代价，意图使无人机在选择目标点时尽量远离，前往不同区域进行探索；$c_v\left(x_{k,1}\right)$ 表示速度代价，意图使无人机在选择目标点时避免过大速度方向的改变，保持平稳又流畅的探索。具体而言，假设有 n 个无人机，集群代价 $c_s\left(x_{k,1}\right)$ 的计算公式为

$$c_s\left(x_{k,1}\right) = \frac{\min \text{length}\left(x_{k,1}, p_j\right)}{v_{\max}}, \quad j = \left\{1, 2, \cdots, n\right\}, k \in \left\{1, 2, \cdots, N_{\text{vie}}\right\} \quad (6\text{-}4)$$

式中，分子 $\text{length}\left(x_{k,1}, p_j\right)$ 表示观测点 k 与无人机 j 之间的路径长度，可以用 A* 算法计算得到，考虑到在观测点数目 N_{vie} 过大时，利用 A* 算法求取路径长度需要消耗较大的计算量，因此设定一个阈值 N_{viethr}，当 N_{vie} 超过该阈值时，考虑用欧氏距离去近似 A* 算法求取的路径长度，从而平衡计算的准确性和计算量。

速度代价 $c_v(x_{k,1})$ 的计算公式为

$$c_v(x_{k,1}) = \arccos \frac{(p_{k,1} - p_0) \cdot v_0}{\|p_{k,1} - p_0\| \|v_0\|} \tag{6-5}$$

式中，v_0 表示无人机当前的速度。

M_{tsp} 的第一列 $M_{tsp}(k,0)$ 表示 N_{vie} 个观测点与无人机当前位置 $x_0 = (p_0, \xi_0)$ 之间的代价，与标准的 TSP 不同，协同探索过程中不需要无人机每次都返回起始位置，因此本节将该代价置零从而建立 ATSP 模型，即

$$M_{tsp}(k,0) = 0, \quad k \in \{1, 2, \cdots, N_{vie}\} \tag{6-6}$$

通过上述方法，在任意的闭环旅行商问题中，返回当前位置不会产生额外的代价，并且每个无人机的闭环旅行商问题中都包含一个代价相同的开环旅行商问题，因此可以通过求解闭环旅行商问题得到开环旅行商问题的最优解。

2. 非对称旅行商问题求解

从图论的角度来看，TSP 的实质是在一个带权完全无向图中，找一个权值最小的哈密顿（Hamilton）回路。由于该问题的可行解是所有顶点的全排列，随着顶点数的增加，会产生组合爆炸，它是一个多项式复杂程度的非确定性问题（non-deterministic polynomial complete problem, NP-C）。针对该问题，本节采用公认最有效的求解方法，即 LKH 方法进行求解。

LKH 方法当中最重要的内容是边交换的思想，即在旅行商问题中，给定一条路径，尝试交换一些边，若交换后路径的长度比原路径短，说明通过此次边交换找到了更优的路径。最简单的是 2-交换，其基本思路如下所述。

如图 6-7 所示，找出路径中任意两条不相邻的边 (p_1, p_2)、(p_3, p_4)，边的花费为 C_{ori}，构造新的路径 (p_1, p_3)、(p_2, p_4) 或 (p_1, p_4)、(p_2, p_3)，并计算边的花费（距离）C_{new}。若满足 $C_{new} < C_{ori}$，则删除 (p_1, p_2)、(p_3, p_4)，使用 (p_1, p_3)、(p_2, p_4) 或 (p_1, p_4)、(p_2, p_3) 构建新的路径。

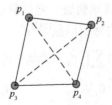

图 6-7　2-交换示意图

与 2-交换类似，3-交换也是一种常用的交换形式，它共有 7 种交换类型，包含 3 种二边交换和 4 种三边交换。

基于边交换思想，LKH 方法的步骤如下所述。

初始化：建立一个待删除集合 R_{rem} 和待加入集合 R_{add}。

步骤 1：选择起点 p_1 和节点 p_2，组成第一条待删除 (p_1, p_2) 的边并加入 R_{rem}。

步骤 2：选取 p_2 的邻居节点 p_3，如果 (p_2, p_3) 不属于原路径的边，不在 R_{rem} 和 R_{add} 中，并且长度小于 (p_1, p_2)，则将其加入 R_{add}。

步骤 3：从 p_3 的邻居节点中选择节点 p_4，将 (p_3, p_4) 加入 R_{rem}。

步骤 4：若 p_4 和 p_1 连接，且满足 2-交换，则构建新的路径；否则将 (p_1, p_4) 加入 R_{add}，并将 p_4 作为新的起点，重复步骤 1～3；若 R_{rem} 的大小超过 5，则表明从 p_1 出发找不到合适的路径，退出搜索，选取其他点作为起点进行搜索。

通过上述 LKH 方法求解建立的旅行商问题，能够得到无人机访问观测点的顺序，并将第一个观测点作为轨迹规划的目标点。

6.5 面向协同探索的集群轨迹规划方法

6.4 节阐述了在协同探索过程中选取目标点的过程，为了保持无人机顺畅地移动，本节基于 B 样条曲线对无人机的轨迹进行规划，从而将离散的路径点转换成光滑的曲线。在 4.2.2 小节中已经介绍过 B 样条曲线，本节的规划方法主要考虑无人机之间的碰撞问题。类似 4.2.2 小节中第一轮优化的目标函数建模方法，面向协同探索的集群轨迹规划的目标函数由以下部分组成：

$$\min_Q J = \lambda_s \cdot J_s + \lambda_c \cdot J_c + \lambda_d \cdot J_d + \lambda_w \cdot J_w \qquad (6\text{-}7)$$

式中，J_s 表示平滑惩罚项；J_c 表示障碍物惩罚项；J_d 表示动力学惩罚项；J_w 表示无人机碰撞惩罚项；λ_s、λ_c、λ_d 和 λ_w 分别表示上述惩罚项的权重系数。

前三项惩罚项与 4.2.2 小节中第一阶段目标函数的惩罚项一致，此处不再阐述。在多无人机协同探索过程中，可能存在无人机碰撞的情况，为了避免探索过程中无人机碰撞给任务带来的影响，需要对可能存在的碰撞情况进行检测和惩罚。如图 6-8 所示，无人机之间可以共享轨迹，通过轨迹中的时间信息进行碰撞检测。本节针对无人机 k，设计如下的惩罚函数[142]：

$$\begin{cases} J_{w,k} = \begin{cases} \sum_i \int_{t_s}^{t_e} d_{k,i}(t)^2 \mathrm{d}t, & d_{k,i}(t) < 0 \\ 0, & d_{k,i}(t) \geqslant 0 \end{cases} \\ d_{k,i}(t) = \left\| \Phi_k(t) - \Phi_i(t) \right\| - s_f \end{cases} \qquad (6\text{-}8)$$

式中，t_s、t_e 分别表示轨迹 $\Phi_k(t)$ 的起始时间、终止时间；$d_{k,i}(t)$ 表示无人机 k 和无人机 i 之间距离与安全距离 s_f 的差值。

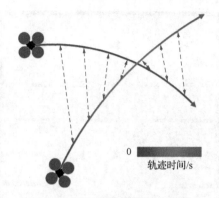

图 6-8　无人机碰撞检测示意图

在建立轨迹规划的优化模型后，本节采用轻量级开源非线性优化库 NLopt 对优化问题进行求解。

6.6　试　　验

6.6.1　数字试验

本章提出一种面向探索的分布式决策与规划方法，力图克服集中式架构单点故障的问题，并提升分布式协同探索的效率。本小节主要对上述方法进行数字仿真验证，数字仿真试验在笔记本计算机上进行，其处理器为 R7 5800H，运行内存为 16GB，操作系统为 Ubuntu18.04。

1.　数字仿真试验设计

本小节基于 ROS 的 Rviz 可视化平台搭建了如图 6-9 和图 6-10 所示多无人机协同探索数字仿真试验场景，其中小型场景为办公室环境，大型场景为地下停车场环境，地图大小分别为 24m×16m×3m 和 40m×40m×3m 。

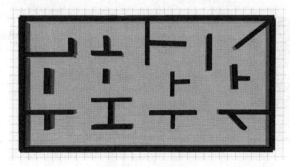

图 6-9　小型场景

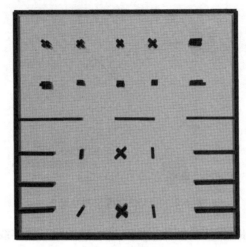

图 6-10　大型场景

与第 5 章的数字仿真试验一样，选用携带深度相机的四旋翼无人机作为仿真试验对象，设定探索结束的标志为地图中已无前沿，记录协同探索所需时间和各无人机的飞行轨迹长度，将其作为试验的性能指标。为说明本章所提方法的先进性，首先在小型场景下将本章所提方法与最近前沿[88]、花费效用模型[92]进行比较，无人机数目均为 3，起飞位置间隔 2m。同时，为研究无人机数目对协同探索效率的影响，在大型场景下开展不同数目无人机的协同探索试验。

沿用表 5-1 所示试验参数，此外，6.4 节旅行商问题中的参数 $\omega_s = 2$，$\omega_v = 0.5$，6.5 节轨迹规划参数 $\lambda_s = 1.0, \lambda_c = \lambda_w = 0.6, \lambda_d = 0.15$。

2. 数字仿真结果与分析

1）小型场景试验对比

小型场景中三架无人机协同探索的轨迹和统计数据分别如图 6-11 和表 6-3 所示。

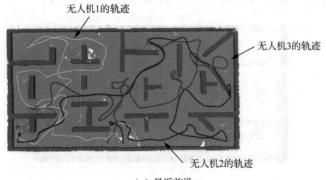

（a）最近前沿

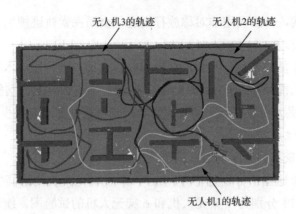

（b）花费效用模型

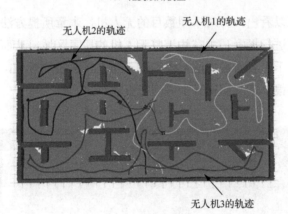

（c）本章所提方法

图 6-11　小型场景协同探索轨迹示意图

表 6-3　三种方法协同探索统计数据表

方法	探索时间/s			探索轨迹长度/m		
	最大值	平均值	最小值	最大值	平均值	最小值
最近前沿	98.5	89.2	80.2	131.2	116.8	98.2
花费效用模型	67.3	62.8	58.4	95.2	83.4	74.2
本章所提方法	61.4	57.4	53.2	85.3	73.6	64.7

从图 6-11 可以看出，若无人机采取最近前沿的策略，当无人机距离较近时容易前往同一区域，导致大量无效的探索轨迹；采取花费效用模型时，能将无人机分离开进行探索，但是由于没有考虑全局的探索轨迹，因此容易遗漏部分未探索区域，导致较多的重复探索轨迹；本章提出的方法能将无人机分散在地图中的不

同区域进行探索，并且利用非对称旅行商进行全局探索轨迹规划，能得到几乎无重复的探索轨迹。

从表 6-3 中能够看出，与最近前沿和花费效用模型相比，本章提出的方法在探索时间上分别能缩短 35.7%和 8.6%，在探索轨迹长度上分别能减少 37.0%和 11.8%。本章所提方法在探索时间和探索轨迹长度两方面均有减少，因此能提升协同探索的效率。

2）大型场景不同无人机数目试验

在大型场景地图中分别进行 1、2、4 和 6 架无人机的协同探索试验，其中图 6-12 和图 6-13 分别为 1 架无人机和 6 架无人机的试验图，统计的试验数据如表 6-4 所示。

从仿真图可以看出，针对不同数目的无人机，本章所提方法均能将其分散在地图的不同区域进行探索，并在线调整无人机的探索区域，从而进行任务的均衡分配。此外，由于本章所提方法进行了基于 ATSP 的全局规划，无人机重复或者无效的探索轨迹很少，从而提升了协同探索效率。

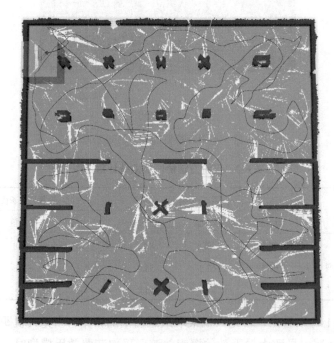

图 6-12　1 架无人机探索示意图

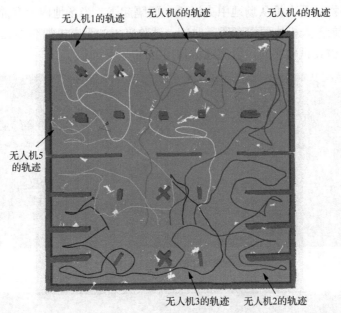

图 6-13　6 架无人机探索示意图

表 6-4　不同数目无人机协同探索统计数据表

无人机数目	探索时间/s			探索轨迹长度/m		
	最大值	平均值	最小值	最大值	平均值	最小值
1	389.4	373.1	361.7	581.3	554.8	532.6
2	215.6	207.7	198.3	295.2	279.6	264.3
4	117.2	110.2	99.0	173.8	146.7	121.5
6	93.7	77.8	65.9	128.8	103.8	85.5

从表 6-4 可以看出，与 1 架无人机自主探索所需时间相比，2、4 和 6 架无人机协同探索所需时间大致为其 55.7%、29.5% 和 20.9%，探索轨迹长度大致为其50.4%、26.4% 和 18.7%。因此，多无人机协同探索的效率会随着无人机数目的增加不断提高，即使有多架四旋翼无人机，本章提出的分布式方法也保持较高的效率。

6.6.2　实机试验

1. 试验设计

无人机协同探索与建图试验在如图 6-14 所示室内场地进行，该场地由一个篮球场和两个羽毛球场构成，探索区域大小为 23m×20m×2m，在场地内随机摆放了数个障碍物。无人机从场地中央以 2m 间隔起飞，当场地内没有前沿时认为探索结束，记录无人机协同探索所需时间，试验采用的无人机如图 6-15 所示，试验参数与数字仿真试验相同，机间通信使用 UDP 协议。

图 6-14 试验场地图

图 6-15 试验所用的三架无人机

2. 试验过程

1）准备阶段

无人机依次摆放至试验场地中央，利用笔记本计算机远程开启协同探索相关程序并统一坐标系。

2）起飞阶段

无人机采取自动起飞技术从场地中央起飞，起飞后悬停约 1s，然后开始探索。无人机自动起飞前和起飞后的悬停如图 6-16 所示。

（a）自动起飞前

（b）起飞后的悬停

图 6-16　无人机自动起飞前和起飞后的悬停

3）探索阶段

在探索阶段，无人机在既定的区域内进行自主协同探索，无人为干预。以三架无人机协同探索为例，不同时刻协同探索建图与轨迹效果如图 6-17 所示。

4）结束阶段

无人机完成探索任务，降落并被回收。

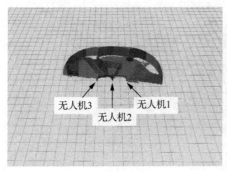

（a）探索开始时

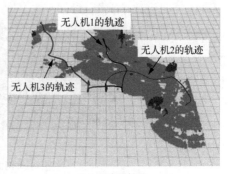

（b）探索开始20s

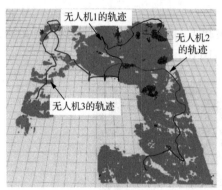

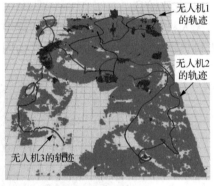

（c）探索开始40s　　　　　　　　　（d）探索开始60s

图 6-17　不同时刻协同探索建图与轨迹效果

3．试验结果与分析

无人机协同探索结果如图 6-18 所示，图中不同曲线表示不同的无人机飞行轨迹。

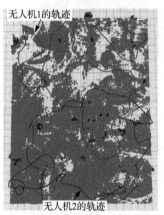

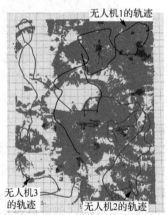

（a）两机俯视图　　　　　　　　　　（b）三机俯视图

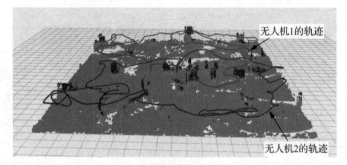

（c）两机正视图

（d）三机正视图

图 6-18　无人机协同探索结果

从试验结果可以看到，无人机进行协同探索时，即使从同一区域起飞，本章提出的方法也能将它们分散在不同区域进行探索，并能根据地图信息在线调整探索轨迹，探索的重复轨迹较少。

经过统计，1 架、2 架、3 架无人机在该试验场地完成探索任务所需时间分别为 209s、121s 和 75s。由此可见，与单机自主探索相比，本章提出的多机协同探索方法能有效缩短探索时间。

6.7　本章小结

本章首先提出了一个协同探索框架，用于多无人机的分布式协同探索。针对多无人机协同探索通信数据量较大的问题，本章在八叉树地图的基础上进行二进制编码，提出了一种轻量级的地图融合方法，并进行了数字仿真试验，试验结果表明本章所提方法与其他方法相比有更优越的性能。针对多无人机协同探索效率较低的问题，本章提出了一种基于 ATSP 的分布式协同探索决策与规划方法，首先考虑无人机的全局探索规划，将探索过程中多无人机任务分配问题降维并建模为ATSP 进行求解；接着基于 B 样条曲线对无人机的轨迹进行规划，使得无人机能在探索过程中快速安全地导航。最后，本章进行了数字仿真试验和实机试验，数字仿真试验结果表明本章所提方法不仅适用于不同数目无人机的分布式协同探索，并且与其他方法相比有更优越的性能；实机试验结果验证了本章所提方法的可行性和实用性。

参 考 文 献

[1]　苏泫. 基于 IMU 预积分的视觉惯性里程计系统[D]. 广州: 华南理工大学, 2018.

[2]　STRASDAT H, MONTIEL J, DAVISON A. Real-time monocular SLAM: Why filter?[C]. Anchorage: IEEE International Conference on Robotics and Automation, 2010: 2657-2664.

[3]　WELCH G, BISHOP G. An Introduction to the Kalman Filter[M]. Chapel Hill: University of North Carolina at Chapel Hill, 2006.

[4]　MOURIKIS A, ROUMELIOTIS S. A Multi-state constraint Kalman filter for vision-aided inertial navigation[C]. Rome: IEEE International Conference on Robotics and Automation, 2007: 3565-3572.

[5]　LI M, MOUIKIS A. High-precision, consistent EKF-based visual-inertial odometry[J]. The International Journal of Robotics Research, 2013, 32(6): 690-711.

[6]　SUN K, MOHTA K, PFORMMER B, et al. Robust stereo visual inertial odometry for fast autonomous flight[J]. IEEE Robotics and Automation Letters, 2017, 99: 965-972.

[7]　DONAVANIK D, HARDT-STREMAYR A, GREMILLION G, et al. Multi-sensor fusion techniques for state estimation of micro air vehicles[C]. Baltimore: Micro- and Nanotechnology Sensors Systems and Applications VIII, 2016: 1-7.

[8]　STEFAN L, SIMON L, MICHAEL B, et al. Keyframe-based visual-inertial odometry using nonlinear optimization[J]. The International Journal of Robotics Research, 2014, 34(3): 314-334.

[9]　QIN T, LI P L, SHEN S J. VINS-mono: A robust and versatile monocular visual-inertial state estimator[J]. IEEE Transactions on Robotics, 2018, 34(4): 1004-1020.

[10]　QIN T, CAO S, PAN J, et al. A general optimization-based framework for global pose estimation with multiple sensors[J]. ArXiv Preprint, 2019, arXiv: 1901. 03638.

[11]　CAMPOS C, ELVIRA R, RODRIGUEZ J, et al. ORB-SLAM3: An accurate open-source library for visual, visual-inertial, and multimap SLAM[J]. IEEE Transactions on Robotics, 2021, 37(6): 1874-1890.

[12]　MUR-ARTAL R, TARDOS J. ORB-SLAM2: An open-source SLAM system for monocular, stereo, and RGB-D cameras[J]. IEEE Transactions on Robotics, 2017, 33(5): 1255-1262.

[13]　MUR-ARTAL R, MONTIEL J, TARDOS J. ORB-SLAM: A versatile and accurate monocular SLAM system[J]. IEEE Transactions on Robotics, 2015, 31(5): 1147-1163.

[14]　DING Z, YANG T, ZHANG K, et al. VID-Fusion: Robust visual-inertial-dynamics odometry for accurate external force estimation[C]. Xi'an: IEEE International Conference on Robotics and Automation, 2021: 14469-14475.

[15]　HUAI Z, HUANG G Q. Robocentric visual-inertial odometry[J]. International Journal of Robotics Research, 2022, 41(7): 667-689.

[16]　ROSTEN E, PORTER R, DRUMMOND T. Faster and better: A machine learning approach to corner detection[J]. IEEE Transactions on Pattern Analysis and Machine Intelligence, 2008, 32(1): 105-119.

[17]　RUBLEE E, RABAUD V, KONOLIGE K, et al. ORB: An efficient alternative to SIFT or SURF[C]. Barcelona: IEEE International Conference on Computer Vision, 2011: 2564-2571.

[18]　程珉, 陈临强, 杨全鑫. 基于改进 ORB 特征的单目视觉 SLAM 算法[J]. 计算机应用与软件, 2021, 38(10): 242-248.

[19]　CHAN A, COVIELLO E, LANCKRIET G. Clustering dynamic textures with the hierarchical EM algorithm[C]. San Francisco: IEEE Computer Society Conference on Computer Vision and Pattern Recognition, 2010: 2022-2029.

[20] HONG P, WEN Z, HUANG T. Real-time speech-driven face animation with expressions using neural networks[J]. IEEE Transactions on Neural Networks, 2002, 13(4): 916-927.

[21] KLEIN G, MURRAY D. Parallel tracking and mapping for small AR workspaces[C]. Nara: IEEE Mixed and Augmented Reality, 2007: 225-234.

[22] EADE E, DRUMMOND T. Edge landmarks in monocular SLAM[J]. Image and Vision Computing, 2009, 27(5): 588-596.

[23] FORSTER C, ZHANG Z, GASSNER M, et al. SVO: Semidirect visual odometry for monocular and multicamera systems[J]. IEEE Transactions on Robotics, 2016, 33(2): 249-265.

[24] BARTOLI A, STURM P. Structure-from-motion using lines: Representation, triangulation, and bundle adjustment[J]. Computer Vision and Image Understanding, 2005, 100(3): 416-441.

[25] MA L, KERL C, STUCKLER J, et al. CPA-SLAM: Consistent plane-model alignment for direct RGB-D SLAM[C]. Stockholm: IEEE International Conference on Robotics and Automation, 2016: 1285-1291.

[26] GIOI R, JAKUIBOWICZ J, MOREL J, et al. LSD: A fast line segment detector with a false detection control[J]. IEEE Transactions on Pattern Analysis and Machine Intelligence, 2008, 32(4): 722-732.

[27] ZHANG L, KOCH R. An efficient and robust line segment matching approach based on LBD descriptor and pairwise geometric consistency[J]. Journal of Visual Communication and Image Representation, 2013, 24(7): 794-805.

[28] KOLETSCHKA T, PUIG L, DANIILIDIS K. MEVO: Multi-environment stereo visual odometry[C]. Chicago: IEEE/RSJ International Conference on Intelligent Robots and Systems, 2014: 4981-4988.

[29] GOMEZ-OJEDA R, GONZALEZ-JIMENEZ J. Robust stereo visual odometry through a probabilistic combination of points and line segments[C]. Stockholm: IEEE International Conference on Robotics and Automation, 2016: 2521-2526.

[30] ZHANG G, LEE J, LIM J, et al. Building a 3-D line-based map using stereo SLAM[J]. IEEE Transactions on Robotics, 2015, 31(6): 1364-1377.

[31] PUMAROLA A, VAKHITOV A, AGUDO A, et al. PL-SLAM: Real-time monocular visual SLAM with points and lines[C]. Singapore: IEEE International Conference on Robotics and Automation, 2017: 4503-4508.

[32] MARTINELLI A. Closed-form solution of visual-inertial structure from motion[J]. International Journal of Computer Vision, 2014, 106(2): 138-152.

[33] MUR-ARTAL R, TARDOS J. Visual-inertial monocular SLAM with map reuse[J]. IEEE Robotics and Automation Letters, 2017, 2(2): 796-803.

[34] QIN T, SHEN S. Robust initialization of monocular visual-inertial estimation on aerial robots[C]. Vancouver: IEEE/RSJ International Conference on Intelligent Robots and Systems, 2017: 4225-4232.

[35] 王通典, 刘洁瑜, 沈强, 等. 一种视觉惯性系统在线初始化方法[J]. 压电与声光, 2021, 43(4): 554-561.

[36] BAMPIS L, AMANATIADIS A, GASTERATOS A. Fast loop-closure detection using visual-word-vectors from image sequences[J]. The International Journal of Robotics Research, 2018, 37(1): 62-82.

[37] CUMMINS M, NEWMAN P. Appearance-only SLAM at large scale with FAB-MAP 2.0[J]. The International Journal of Robotics Research, 2011, 30(9): 1100-1123.

[38] GALVEZ-LOPEZ D, TARDOS J. Bags of binary words for fast place recognition in image sequences[J]. IEEE Transactions on Robotics, 2012, 28(5): 1188-1197.

[39] GARCIA-FIDALGO E, ORTIZ A. IBoW-LCD: An appearance-based loop closure detection approach using incremental bags of binary words[J]. IEEE Robotics and Automation Letters, 2018, 3(4): 3051-3057.

[40] KHAN S, WOLLHERR D. IBUILD: Incremental bag of binary words for appearance-based loop closure detection[C]. Seattle: IEEE International Conference on Robotics and Automation, 2015: 5441-5447.

[41] MILFORD M, WYETH G. SEQSLAM: Visual route-based navigation for sunny summer days and stormy winter nights[C]. Saint Paul: IEEE International Conference on Robotics and Automation, 2012: 1643-1649.

[42] LIM H, LIM J, KIM H. Real-time 6-DOF monocular visual SLAM in a large-scale environment[C]. Hong Kong: IEEE International Conference on Robotics and Automation, 2014: 1532-1539.

[43] ZHANG F K, RUI T, YANG C S, et al. Lap-SLAM: A line-assisted point-based monocular VSLAM[J]. Electronics, 2019, 8(2): 243.

[44] ARROYO R, ALCANTARILLA P F, BERGASA L M, et al. Fast and effective visual place recognition using binary codes and disparity information[C]. Chicago: IEEE/RSJ International Conference on Intelligent Robots and Systems, 2014: 3089-3094.

[45] SUNDERHAUF N, PROTZEL P. Brief-gist-closing the loop by simple means[C]. San Francisco: IEEE/RSJ International Conference on Intelligent Robots and Systems, 2011: 1234-1241.

[46] TSINTOTAS K, BAMPIS L, GSATERATOS A. Probabilistic appearance-based place recognition through bag of tracked words[J]. IEEE Robotics and Automation Letters, 2019, 4(2): 1737-1744.

[47] NISTER D, STEWENIUS H. Scalable recognition with a vocabulary tree[C]. New York: IEEE Computer Society Conference on Computer Vision and Pattern Recognition, 2006, 2: 2161-2168.

[48] SIVIC J, ZISSERMAN A. Video Google: A text retrieval approach to object matching in videos[C]. Nice: IEEE Computer Vision, 2003: 1470-1477.

[49] GARCIA-FIDALGO E, ORTIZ A. Vision-based topological mapping, and localization methods: A survey[J]. Robotics and Autonomous Systems, 2015, 64(3): 1-20.

[50] LOWRY S, SUNDERHAUF N, NEWMAN P, et al. Visual place recognition: A survey[J]. IEEE Transactions on Robotics, 2015, 32(1): 1-19.

[51] MUR-ARTAL R, TARDOS J. Fast relocalisation and loop closing in keyframe-based SLAM[C]. Hong Kong: IEEE International Conference on Robotics and Automation, 2014: 846-853.

[52] LABBE M, MICHAUD F. Appearance-based loop closure detection for online large-scale and long-term operation[J]. IEEE Transactions on Robotics, 2013, 29(3): 734-745.

[53] 王霞, 左一凡. 视觉 SLAM 研究进展[J]. 智能系统学报, 2020, 15(5): 825-834.

[54] DAVISION A, REID I, MOLTON N, et al. MonoSLAM: Real-time single camera SLAM[J]. IEEE Transactions on Pattern Analysis and Machine Intelligence, 2007, 29(6): 1052-1067.

[55] ENGEL J, SCHPS T, CREMERS D. LSD-SLAM: Large-scale direct monocular SLAM[C]. Berlin: European Conference on Computer Vision, 2014: 834-849.

[56] WEIKERSDORFER D, HOFFMANN R, CONRADT J. Simultaneous localization and mapping for event-based vision systems[C]. Berlin: International Conference on Computer Vision Systems, 2013: 133-142.

[57] WEIKERSDORFER D, ADRIAN D, CREMERS D, et al. Event-based 3D SLAM with a depth-augmented dynamic vision sensor[C]. Hong Kong: IEEE International Conference on Robotics and Automation, 2014: 359-364.

[58] NEWCOMBE R, IZADI S, HILLIGE O, et al. KinectFusion: Real-time dense surface mapping and tracking[C]. Basel: 10th IEEE International Symposium on Mixed and Augmented Reality, 2011: 127-136.

[59] WHELAN T, KAESS M, FALLON M, et al. Robust real-time visual odometry for dense RGB-D mapping[C]. Karlsruhe: IEEE International Conference on Robotics and Automation, 2013: 5724-5731.

[60] ENDRES F, HESS J, STURM J, et al. 3-D mapping with an RGB-D camera[J]. IEEE Transactions on Robotics, 2013, 30(1): 177-187.

[61] LABBÉ M, MICHAUD F. RTAB-Map as an open-source lidar and visual simultaneous localization and mapping library for large-scale and long-term online operation[J]. Journal of Field Robotics, 2019, 36(2): 416-446.

[62] CHEN J, SU K, SHEN S. Real-time safe trajectory generation for quadrotor flight in cluttered environments[C]. Stockholm: IEEE International Conference on Robotics and Biomimetics, 2015: 1678-1685.

[63] GAO F, WU W, LIN Y, et al. Online safe trajectory generation for quadrotors using fast marching method and bernstein basis polynomial[C]. Brisbane: IEEE International Conference on Robotics and Automation, 2018: 344-351.

[64] GAO F, SHEN S. Online quadrotor trajectory generation and autonomous navigation on point clouds[C]. Lausanne: IEEE International Symposium on Safety, Security, and Rescue Robotics, 2016: 139-146.

[65] GAO F, WU W, GAO W, et al. Flying on point clouds: Online trajectory generation and autonomous navigation for quadrotors in cluttered environments[J]. Journal of Field Robotics, 2019, 36(4): 710-733.

[66] DING W, GAO W, WANG K et al. An efficient b-spline-based kinodynamic replanning framework for quadrotors[J]. IEEE Transactions on Robotics, 2019, 35(6): 1287-1306.

[67] LIKHACHEV M, GORDON G, THRUN S. ARA*: Anytime A* with provable bounds on sub-optimality[J]. Advances in Neural Information Processing Systems, 2004, 2(52): 69-72.

[68] LAVALLE S M. Rapidly-exploring random trees: A new tool for path planning[J]. Research Report, 1998: 9811.

[69] BORENSTEIN J, KOREN Y. The vector field histogram-fast obstacle avoidance for mobile robots[J]. IEEE Transactions on Robotics and Automation, 1991, 7(3): 278-288.

[70] BORENSTEIN J, KOREN Y. Real-time obstacle avoidance for fast mobile robots[J]. IEEE Transactions on Systems Man & Cybernetics, 2002, 19(5): 1179-1187.

[71] 刘俊雅. 基于人工势场法的移动机器人避障算法研究[D]. 武汉: 华中师范大学, 2018.

[72] 丁寅. 基于遗传和蚁群的自适应路径规划算法研究[D]. 武汉: 华中科技大学, 2012.

[73] 邱磊. 基于在线图修剪的网格地图寻路[J]. 贵州大学学报(自然科学版), 2014, 31(1): 84-87.

[74] DOLGOV D, THRUN S, MOETEMERLO M, et al. Path planning for autonomous vehicles in unknown semi-structured environments[J]. The International Journal of Robotics Research, 2010, 29(5): 485-501.

[75] KARAMAN S, FRAZZOLI E. Sampling-based algorithms for optimal motion planning[J]. The International Journal of Robotics Research, 2011, 30(7): 846-894.

[76] MELLINGER D, KUMAR V. Minimum snap trajectory generation and control for quadrotors[C]. Shanghai: IEEE International Conference on Robotics and Automation, 2011: 2520-2525.

[77] RICHTER C, BRY A, ROY N. Polynomial trajectory planning for aggressive quadrotor flight in dense indoor environments[J]. Robotics Research, 2016, 114: 649-666.

[78] DING W, GAO W, WANG K, et al. Trajectory replanning for quadrotors using kinodynamic search and elastic optimization[C]. Philadelphia: IEEE International Conference on Robotics and Automation, 2018: 7595-7602.

[79] ZUCKER M, RATLIFF N, DRAGAN A, et al. CHOMP: Covariant Hamiltonian optimization for motion planning[J]. The International Journal of Robotics Research, 2013, 32(9-10): 1164-1193.

[80] KALAKRISHNAN M, CHITTA S, THEODOROU E, et al. STOMP: Stochastic trajectory optimization for motion planning[C]. Shanghai: IEEE International Conference on Robotics and Automation, 2011: 4569-4574.

[81] OLEYNIKOVA H, BURRI M, TAYLOR Z, et al. Continuous-time trajectory optimization for online UAV replanning[C]. Daejeon: IEEE/RSJ International Conference on Intelligent Robots and Systems, 2016: 5332-5339.

[82] GAO F, LIN Y, SHEN S. Gradient-based online safe trajectory generation for quadrotor flight in complex environments[C]. Vancouver: IEEE/RSJ International Conference on Intelligent Robots and Systems, 2017: 3681-3688.

[83] USENKO V, STUMBERG L, PANGERCIC A, et al. Real-time trajectory replanning for MAVs using uniform B-splines and a 3D circular buffer[C]. Vancouver: IEEE/RSJ International Conference on Intelligent Robots and Systems, 2017: 215-222.

[84] ZHOU X, WANG Z, YE H, et al. Ego-planner: An esdf-free gradient-based local planner for quadrotors[J]. IEEE Robotics and Automation Letters, 2020, 6(2): 478-485.

[85] WANG Z, ZHOU X, XU C, et al. Geometrically constrained trajectory optimization for multicopters[J]. IEEE Transactions on Robotics, 2022, 38(5): 3259-3278.

[86] ZHOU X, WANG Z, WEN X, et al. Decentralized spatial-temporal trajectory planning for multicopter swarms[J]. ArXiv Preprint, 2021, arXiv: 2106. 12481.

[87] STACHNISS C. Robotic Mapping and Exploration[M]. Berlin: Springer, 2009.

[88] YAMAUCHI B. A frontier-based approach for autonomous exploration[C]. Monterey: IEEE International Symposium on Computational Intelligence in Robotics and Automation, 1997: 146-151.

[89] YAMAUCHI B. Frontier-based exploration using multiple robots[C]. Minneapolis: The Second International Conference on Autonomous Agents, 1998: 47-53.

[90] FAIGL J, KULICH M. On determination of goal candidates in frontier-based multi-robot exploration[C]. Barcelona: European Conference on Mobile Robots, 2013: 210-215.

[91] NIETO-GRANDA C, ROGERS J, CHRISTENSEN H. Coordination strategies for multi-robot exploration and mapping[J]. The International Journal of Robotics Research, 2014, 33(4): 519-533.

[92] BATINOVIĆ A, ORSULIC J, PETROVIC T, et al. Decentralized strategy for cooperative multi-robot exploration and mapping[J]. IFAC-PapersOnLine, 2020, 53(2): 9682-9687.

[93] YU J, TONG J, XU Y, et al. Smmr-explore: Submap-based multi-robot exploration system with multi-robot multi-target potential field exploration method[C]. Xi'an: IEEE International Conference on Robotics and Automation, 2021: 8779-8785.

[94] ZHANG H, CHENG J, ZHANG L, et al. H2GNN: Hierarchical-hops graph neural networks for multi-robot exploration in unknown environments[J]. IEEE Robotics and Automation Letters, 2022, 7(2): 3435-3442.

[95] DONG S, XU K, ZHOU Q, et al. Multi-robot collaborative dense scene reconstruction[J]. ACM Transactions on Graphics, 2019, 38(4): 1-16.

[96] CORAH M, O'MEADHRA C, GOEL K, et al. Communication-efficient planning and mapping for multi-robot exploration in large environments[J]. IEEE Robotics and Automation Letters, 2019, 4(2): 1715-1721.

[97] RENZAGLIA A, DIBANGOYE J, DOZE V, et al. A common optimization framework for multi-robot exploration and coverage in 3D environments[J]. Journal of Intelligent and Robotic Systems, 2020, 100: 1453-1468.

[98] WILLIAMS J, JIANG S, O'BRIEN M, et al. Online 3D frontier-based UGV and UAV exploration using direct point cloud visibility[C]. Karlsruhe: IEEE International Conference on Multisensor Fusion and Integration for Intelligent Systems, 2020: 263-270.

[99] ORIOLO G, VENDITTELLI M, FREDA L, et al. The SRT method: Randomized strategies for exploration[C]. New Orleans: IEEE International Conference on Robotics and Automation, 2004, 5: 4688-4694.

[100] UMARI H, MUKHOPADHYAY S. Autonomous robotic exploration based on multiple rapidly-exploring randomized trees[C]. Vancouver: IEEE/RSJ International Conference on Intelligent Robots and Systems, 2017: 1396-1402.

[101] ZHANG L, LIN Z, WANG J, et al. Rapidly-exploring random trees multi-robot map exploration under optimization framework[J]. Robotics and Autonomous Systems, 2020, 131: 103565.

[102] 梁璨. 多机器人协作探索环境和地图构建系统设计与实现[D]. 南京: 东南大学, 2019.

[103] 梁多. 面向未知环境重建的多机器人协同探索方法[D]. 成都: 电子科技大学, 2021.

[104] ZHANG T, LIU C, LI J, et al. A new visual inertial simultaneous localization and mapping (SLAM) algorithm based on point and line features[J]. Drones, 2022, 6(1): 1-19.

[105] 刘春江. 多旋翼无人机室内惯性视觉自主定位方法研究[D]. 西安: 西北工业大学, 2022.

[106] VIOLA P, JONES M. Rapid object detection using a boosted cascade of simple features[C]. Kauai: IEEE Computer Society Conference on Computer Vision and Pattern Recognition, 2001: 1-511.

[107] MUJA M, LOWE D. Fast approximate nearest neighbors with automatic algorithm configuration[C]. Lisboa: International Conference on Computer Vision Theory and Applications, 2009: 331-340.

[108] ANGELI A, FILLIAT D, DONCIEUX S, et al. Fast and incremental method for loop-closure detection using bags of visual words[J]. IEEE Transactions on Robotics, 2008, 24(5): 1027-1037.

[109] 江亦蕾. 多旋翼无人机室内自主运行中的目标检测[D]. 西安: 西北工业大学, 2022.

[110] ZHANG T, LI J, JIANG Y, et al. Position detection of doors and windows based on DSPP-YOLO[J]. Applied Science, 2022, 12(21): 1-14.

[111] HAN L, GAO F, ZHOU B, et al. Fiesta: Fast incremental Euclidean distance fields for online motion planning of aerial robots[C]. Macau: 2019 IEEE/RSJ International Conference on Intelligent Robots and Systems, 2019: 4423-4430.

[112] GASTAL E, OLIVEIRA M. Domain transform for edge-aware image and video processing[J]. ACM Transactions on Graphics, 2011, 30(4): 1-12.

[113] XU B, WANG N, CHEN T, et al. Empirical evaluation of rectified activations in convolutional network[J]. ArXiv Preprint, 2015, arXiv: 1505. 00853.

[114] IANDOLA F, MOSKEWICZ M, KARAYEV S, et al. DenseNet: Implementing efficient ConvNet descriptor pyramids[J]. ArXiv Preprint, 2014, arXiv: 1404. 1869.

[115] ZHOU B, GAO F, WANG L, et al. Robust and efficient quadrotor trajectory generation for fast autonomous flight[J]. IEEE Robotics and Automation Letters, 2019, 4(4): 3529-3536.

[116] YU J, LI J, ZHANG T. Speed-First: An aggressive gradient-based local planner for quadrotor faster flight[J]. Drones, 2023, 7(3): 192.

[117] QUINLAN S, KHATIB O. Elastic bands: Connecting path planning and control[C]. Atlanta: IEEE International Conference on Robotics and Automation, 1993: 802-807.

[118] ZHU Z, SCHMERLING E, PAVONE M. A convex optimization approach to smooth trajectories for motion planning with car-like robots[C]. Osaka: 54th IEEE Conference on Decision and Control, 2015: 835-842.

[119] 庞明慧. 基于旋翼无人机的自主探索研究[D]. 西安: 西北工业大学, 2022.

[120] ZHOU B, ZHANG Y, CHEN X, et al. Fuel: Fast UAV exploration using incremental frontier structure and hierarchical planning[J]. IEEE Robotics and Automation Letters, 2021, 6(2): 779-786.

[121] ZHANG T, YU J, LI J, et al. Upgraded trajectory planning method deployed in autonomous exploration for unmanned aerial vehicle[J]. Journal of Advanced Robotic Systems, 2022, 19(4): 1-14.

[122] KHATIB O. Real-time obstacle avoidance for manipulators and mobile robots[C]. St. Louis: IEEE International Conference on Robotics and Automation, 1985: 500-505.

[123] ZHOU B, PAN J, GAO F, et al. RAPTOR: Robust and perception-aware trajectory replanning for quadrotor fast flight[J]. IEEE Transactions on Robotics, 2020, 37(6): 1992-2009.

[124] BIRCHER A, KAMEL M, ALEXIS K, et al. Receding horizon "Next-Best-View" planner for 3D exploration[C]. Stockholm: IEEE International Conference on Robotics and Automation, 2016: 1462-1468.

[125] DUBERG D, JENSFELT P. UFOExplorer: Fast and scalable sampling-based exploration with a graph-based planning structure[J]. IEEE Robotics and Automation Letters, 2022, 7(2): 2487-2494.

[126] SCHMID L, PANTIC M, KHANNA R, et al. An efficient sampling-based method for online informative path planning in unknown environments[J]. IEEE Robotics and Automation Letters, 2020, 5(2): 1500-1507.

[127] CONNOLLY C. The determination of next best views[C]. St. Louis: IEEE International Conference on Robotics and Automation, 1985: 432-435.

[128] CIESLEWSKI T, KAUFMANN E, SCARAMUZZA D. Rapid exploration with multi-rotors: A frontier selection method for high speed flight[C]. Vancouver: IEEE/RSJ International Conference on Intelligent Robots and Systems, 2017: 2135-2142.

[129] YU J, SHEN H, XU J, et al. ECHO: An efficient heuristic viewpoint decision method on frontier-based autonomous exploration for quadrotor[J]. IEEE Robotics and Automation Leters, 2023, 8(8): 5047-5054.

[130] REN Y, ZHU F, LIU W, et al. Bubble planner: Planning high-speed smooth quadrotor trajectories using receding corridors[C]. Kyoto: IEEE/RSJ International Conference on Intelligent Robots and Systems, 2022: 6332-6339.

[131] 尹英明. 室内环境下的多机器人协同探索方法研究[D]. 西安: 西北工业大学, 2023.

[132] 郭雷平, 段文博, 刘宇, 等. 基于 OODA 环的合成部队光电装备作战效能评估[J]. 兵工学报, 2022, 43(S1): 177-182.

[133] RUSSELL J, YE M, ANDERSON B, et al. Cooperative localisation of a GPS-denied UAV in 3-dimensional space using direction of arrival measurements[J]. IFAC-PapersOnLine, 2017, 50(1): 8019-8024.

[134] NGUYEN T, ZAINI A, WANG C, et al. Robust target-relative localization with ultra-wideband ranging and communication[C]. Brisbane: IEEE International Conference on Robotics and Automation, 2018: 2312-2319.

[135] KIM J. Cooperative localization and unknown currents estimation using multiple autonomous underwater vehicles[J]. IEEE Robotics and Automation Letters, 2020, 5(2): 2365-2371.

[136] HAN Y, WEI C, LI R, et al. A novel cooperative localization method based on IMU and UWB[J]. Sensors, 2020, 20(2): 467.

[137] ZHU J, KIA S. Decentralized cooperative localization with LoS and NLoS UWB inter-agent ranging[J]. IEEE Sensors Journal, 2021, 22(6): 5447-5456.

[138] ZHU J, KIA S. Learning-based measurement scheduling for loosely-coupled cooperative localization[J]. IEEE Robotics and Automation Letters, 2022, 7(3): 6313-6319.

[139] CHEN C, KIA S. Cooperative localization using learning-based constrained optimization[J]. IEEE Robotics and Automation Letters, 2022, 7(3): 7052-7058.

[140] NIEBNER M, ZOLLHOFER M, IZADI S, et al. Real-time 3D reconstruction at scale using voxel hashing[J]. ACM Transactions on Graphics, 2013, 32(6): 1-11.

[141] HELSGAUN K. An effective implementation of the Lin-Kernighan traveling salesman heuristic[J]. European Journal of Operational Research, 2000, 126(1): 106-130.

[142] ZHOU X, ZHU J, ZHOU H, et al. Ego-swarm: A fully autonomous and decentralized quadrotor swarm system in cluttered environments[C]. Xi'an: IEEE International Conference on Robotics and Automation, 2021: 4101-4107.